5
1970

Faserforschung und Textiltechnik

WISSENSCHAFTLICH-TECHNISCHE ZEITSCHRIFT
FÜR DIE CHEMIEFASER- UND TEXTILINDUSTRIE

BEGRÜNDET VON
ERICH CORRENS UND WALTER FRENZEL

HERAUSGEGEBEN VON ERICH CORRENS
WOLFGANG BOBETH – HANS BÖHRINGER – HERMANN KLARE
BURKART PHILIPP – CHRISTIAN RUSCHER
SCHRIFTLEITER J. BRÄMER UND I. RUSCHER

AUS DEM INHALT

AKADEMIE-VERLAG BERLIN

Faserforsch. u. Textiltechnik • 21. Jahrg. • Heft 5 • Seiten 189—228 • Berlin im Mai 1970

DK 678.674'524'420:543.226:536.421.1

Wiesener, Ernst, und *Hoffrichter, Siegfried*

Differential-thermoanalytische Untersuchungen an Polyäthylenterephthalat

III. Über den Einfluß der thermischen Vorbehandlung auf das Schmelzverhalten von Polyäthylenterephthalat

Faserforsch. u. Textiltechnik **21** (1970) 5, S. 189—195. 12 Abb., 2 Tab., 17 Lit.

Mit Hilfe der Differential-Thermoanalyse wird der Einfluß unterschiedlicher thermischer Vorbehandlungen auf das Schmelzverhalten von Polyäthylenterephthalat untersucht. Zur Charakterisierung des Schmelzverhaltens werden die Temperaturen des Schmelzbeginns, die Schmelzpunkte sowie die Flächen und Höhen der DTA-Schmelzpeaks herangezogen.

DK 661.728.84:677.463.021.341.2:677.463.021.32:677.463.021.5:543.436

Grams, Wiktor, und *Lipowska, Alina*

Automatische Bestimmung der Viskosereife

Faserforsch. u. Textiltechnik **21** (1970) 5, S. 196—201. 7 Abb., 4 Tab., 11 Lit.

Lösungen von mattierten und unmattierten Viskosen in Harnstofflösung wurden mit $(NH_4)_2SO_4$-Lösung der Konzentration 500 g/l mit konstanter Dosierungsgeschwindigkeit titriert. Der Verlauf der Koagulation wurde mit einem nephelometrischen System kontinuierlich beobachtet. Die erhaltenen Titrationskurven dienten zur Ausarbeitung der automatischen Bestimmung des Reifegrades der Viskose. Die Reifegrade der mattierten und unmattierten Viskosen wurden auf Grund des Verlaufes der Titrationskurve automatisch exakt bestimmt.

DK 547.458.82:546.265.14:546.265.2:541.124:541.127.1:535.243.2

Dautzenberg, Horst, und *Philipp, Burkart*

Untersuchungen zum Ablauf verschiedener Zersetzungsmechanismen bei Cellulosexanthogenat

Faserforsch. u. Textiltechnik **21** (1970) 5, S. 201—204. 2 Abb. 2 Tab., 12 Lit.

Mittels einer spektralfotometrischen Untersuchungsmethodik wurde für Cellulosexanthogenat der Anteil der reversiblen (CS_2-Abspaltung) und der irreversiblen (Abspaltung der Xanthogenatgruppen als Sulfid und COS bzw. Dithiocarbonat) Xanthogenatzersetzung an der Gesamtzersetzung in Abhängigkeit von der NaOH-Konzentration ermittelt und eine Aufschlüsselung der gemessenen RGK-Werte in Einzel-RGK-Werte für $C_{2,3}$- und C_6-Xanthogenat vorgenommen.

DK 678.674'524'420:547.422.5:[542.951.9:546.171.5]:543.544.25

Dinse, Hans-Dieter, und *Tuček, Eberhard*

Gaschromatographische Bestimmung des Diäthylenglykolgehaltes in Polyäthylenterephthalat

Faserforsch. u. Textiltechnik **21** (1970) 5, S. 205—208. 6 Tab., 11 Lit.

Die Arbeit befaßt sich mit der gaschromatographischen Bestimmung von Diäthylenglykol in Polyäthylenterephthalat. Als wesentliche Verbesserung gegenüber bisher bekannten Methoden wird die Hydrazinolyse als Aufschlußverfahren für die PÄT-Probe benutzt. Es werden zwei Arbeitsweisen als mögliche Varianten für den Aufschluß beschrieben. Des weiteren wird die Auswertemethodik der erhaltenen Chromatogramme diskutiert.

DK 678.675:678.674'524'420:543.242:546.212

Schmalz, Ernst-Otto

Manometrische Bestimmung von Wasser in Hochpolymeren

Faserforsch. u. Textiltechnik **21** (1970) 5, S. 209—215. 4 Abb. 8 Tab., 8 Lit.

Die manometrische Bestimmung von Wasser in Hochpolymeren wird hinsichtlich der Analysenparameter (Temperatur, Zeit) näher untersucht. Es wird nachgewiesen, daß bei geringen Wassermengen die Analysentemperatur bestimmte Grenzen nicht überschreiten darf. Bestimmungen wurden an Polyamid und Polyäthylenterephthalat bei Feuchtegehalten von ca. 0,007% H_2O vorgenommen.

Kurze Mitteilungen

DK 678.6:[541.24.08:519.241.6]:541.6

Fajnerman, A. E.

Zur Frage der Verteilungsfunktion bei Polykondensaten

Sippel, Arnulf

Stellungnahme zur Kurzmitteilung von *A. Fajnerman*

Faserforsch. u. Textiltechnik **21** (1970) 5, S. 215—217. 2 Abb., 1 Tab., 6 Lit.

DK 661.728.84:661.728.361/.362:677.463.021.341.2:542.135:532.13.08:541.182.644

Wulf, Karl, Kapelle, Rudolf, und *Philipp, Burkart*

Zum Einfluß von Inhomogenitäten in Viskosespinnlösungen auf deren Fließverhalten

Faserforsch. u. Textiltechnik **21** (1970) 5, S. 218—219. 1 Tab., 6 Lit.

DK 677.494.675:678.742.2:535.827.2:677.019.131.37:677.494.021.97:677.494.061.38

Iwanow, Nikolaus, und *Schneider, Robert*

Ein Fall von Fadenbrüchen an Polyamidseide durch Polyäthyleneinschlüsse (S-Masern)

Faserforsch. u. Textiltechnik **21** (1970) 5, S. 219—220. 4 Abb., 4 Lit.

Neue Bücher S. 220—223.

Patentschau S. 223—225.

Literaturschau S. 225—228.

Die Zeitschrift „Faserforschung und Textiltechnik" erscheint monatlich in Heften zu 48 Textseiten im Format A 4. Der Preis für das Einzelheft beträgt M 15,— (Sonderpreis für DDR M 9,—), für den Vierteljahrbezug M 45,— (Sonderpreis für DDR M 27,—), zuzügl. Bestellgeld. Die Berechnung erfolgt zu Beginn eines Vierteljahrs für 3 Hefte. Bestellungen aus dem Gebiet der Deutschen Demokratischen Republik an ein Postamt, eine Buchhandlung oder den Verlag, aus der Deutschen Bundesrepublik an eine Buchhandlung oder die Auslieferungsstelle Kunst und Wissen, Erich Bieber, 7 Stuttgart 1, Wilhelmstraße 4—6, aus dem Ausland an eine Importbuchhandlung, den Deutschen Buch-Export und -Import GmbH., 701 Leipzig, Postschließfach 276, oder den Akademie-Verlag GmbH., 108 Berlin, Leipziger Str. 3—4 (Fernruf: 220441; Telex-Nr. 0112020; Postscheckkonto 35021) erbeten. Bestellnummer dieses Heftes: 1014/21/5. Alleinige Anzeigenannahme DEWAG-WERBUNG, 102 Berlin, Rosenthaler Str. 28/31, und alle DEWAG-Betriebe in den Bezirksstädten der DDR. — Bestellungen in der UdSSR nehmen entgegen: Städtische Abteilungen von „SOJUZPECHATJ" bzw. Postämter und Postkontore.

Herausgeber und verantwortlich für den Inhalt: Prof. Dr. Dr. Erich Correns, Institut für Faserstoff-Forschung der Deutschen Akademie der Wissenschaften zu Berlin, 153 Teltow-Seehof, Fernruf: Teltow 4831; Prof. Dr.-Ing. habil. Wolfgang Bobeth, Institut für Technologie der Fasern der Deutschen Akademie der Wissenschaften zu Berlin, 801 Dresden, Hohe Str. 6, Fernruf: 44721; Prof. Dr.-Ing. Hans Böhringer, Institut für Textiltechnologie der Chemiefasern Rudolstadt, Fernruf: Rudolstadt 2031; Prof. Dr. Hermann Klare, Prof. Dr. habil. Burkart Philipp und Dr. Christian Ruscher, Institut für Faserstoff-Forschung der Deutschen Akademie der Wissenschaften zu Berlin, 153 Teltow-Seehof, Fernruf: Teltow 4831. Schriftleiter: Joachim Brämer und Dipl.-Chem. Ingeborg Ruscher, 153 Teltow-Seehof, Kantstr. 55. Verlag: Akademie-Verlag GmbH., 108 Berlin, Leipziger Str. 3—4. Satz und Druck: Druckhaus „Maxim Gorki", 74 Altenburg. — Veröffentlicht unter der Lizenznummer 1280 des Presseamtes beim Vorsitzenden des Ministerrates der Deutschen Demokratischen Republik.

Faserforschung und Textiltechnik

WISSENSCHAFTLICH-TECHNISCHE ZEITSCHRIFT FÜR DIE CHEMIEFASER- UND TEXTILINDUSTRIE

Band 21 Mai 1970 Heft 5

Differential-thermoanalytische Untersuchungen an Polyäthylenterephtalat

III. Über den Einfluß der thermischen Vorbehandlung auf das Schmelzverhalten von Polyäthylenterephtalat[1])

Ernst Wiesener und Siegfried Hoffrichter

176. Mitteilung aus dem Institut für Textiltechnologie der Chemiefasern Rudolstadt-Schwarza
(Direktor: Dipl.-Ing. *H. Bürger*)

DK 678.674'524'420:543.226:536.421.1

Mit Hilfe der Differential-Thermoanalyse wird der Einfluß unterschiedlicher thermischer Vorbehandlungen auf das Schmelzverhalten von Polyäthylenterephthalat untersucht. Zur Charakterisierung des Schmelzverhaltens werden die Temperaturen des Schmelzbeginns, die Schmelzpunkte sowie die Flächen und Höhen der DTA-Schmelzpeaks herangezogen.

Дифференциально-термический анализ полиэтилентерефталата
III. О влиянии предварительной термической обработки ПЭТ на его поведение при плавлении

Методом ДТА изучено влияние различной предварительной термической обработки ПЭТ на процесс его плавления. В связи с этим определены температуры начала и конца плавления, а также площади и высоты максимумов в термограммах, соответствующих плавлению.

DTA Investigations of Polyethylene Terephthalate.
III. Effect of the Thermal Pretreatment on the Melting Process of Polyethylene Terephthalate

The effect of the thermal history on the melting behaviour of polyethylene terephthalate has been investigated by DTA. The melting process is described in terms of initial temperature, melting point and hight of the DTA peaks.

1. *Einleitung*

Hochpolymere haben keinen thermodynamisch definierten Schmelzpunkt. Sie schmelzen innerhalb eines mehr oder weniger breiten Temperaturbereiches. Sowohl die Breite des Schmelzintervalles als auch die Temperatur, bei der der Schmelzvorgang beendet ist („Schmelzpunkt"), hängen sehr stark von der Vorbehandlung der hochpolymeren Probe ab. Die Ursache für diese Erscheinung liegt darin begründet, daß Hochpolymere auf Grund der verhältnismäßig geringen Beweglichkeit und der Verknäuelung der langen Molekülketten im festen Zustand niemals das thermodynamische Gleichgewicht erreichen. Durch eine Temperung oder durch Anwendung von Quellmitteln kann die Beweglichkeit der Kettenmoleküle jedoch erhöht und je nach der Intensität einer solchen Behandlung eine mehr oder weniger starke Annäherung an den Gleichgewichtszustand erreicht werden. Bei kristallisationsfähigen Hochpolymeren wird mit einer Erhöhung der molekularen Beweglichkeit, zum Beispiel durch Tempern, der Kristallisationsgrad zunehmen sowie eine „Vergütung" der bereits vorhandenen Kristallite stattfinden und infolgedessen sowohl die Schmelzwärme als auch die charakteristischen Temperaturen des Schmelzvorganges ansteigen.

Für die Praxis des Schmelzspinnens wie auch für den technischen Einsatz von Hochpolymeren ist die Kenntnis der Zusammenhänge zwischen der thermischen Vorbehandlung und dem Schmelzverhalten von großer Bedeutung. Das Ziel der vorliegenden Arbeit besteht darin, diese Zusammenhänge am Beispiel des Polyäthylenterephthalats (PÄT) mit Hilfe der Differential-Thermoanalyse (DTA) zu untersuchen.

2. *Charakterisierung des Versuchsmaterials*

Für den überwiegenden Teil der Untersuchungen wurde als Ausgangsmaterial unmattiertes, amorphes PÄT-Granulat mit einer relativen Lösungsviskosität von 1,40 (gemessen in einer Mischung von Tetrachloräthan/Phenol 1:1 Masse, 20°C) verwendet. Die Proben wurden in einem Siliconölbad jeweils 2 h bei verschiedenen Temperaturen zwischen 80 bis 260°C getempert und anschließend abgeschreckt. Für einige spezielle Untersuchungen erfolgte die Probentemperung und -abkühlung unter etwas anderen Bedingungen, auf die bei der Besprechung der Versuchsergebnisse näher eingegangen wird.

An den unterschiedlich thermisch vorbehandelten PÄT-Granulaten wurden mit Hilfe von Röntgen- und Dichtemessungen die bei den einzelnen Temperungen erreichten Ordnungszustände ermittelt. In Bild 1 sind die bei 25°C ermittelten Dichtewerte der jeweils 2 h getemperten PÄT-Proben in Abhängigkeit von der Vorbehandlungstemperatur dargestellt. Bild 2 zeigt den aus Röntgenmessungen ermittelten Ordnungsgrad als Funktion der Temperungstemperatur. Aus dem Vergleich der Bilder ist ersichtlich, daß die Meßwerte beider Methoden eine gute Übereinstimmung hinsichtlich der Änderung der übermolekularen Struktur des PÄT in Abhängigkeit von der Temperatur zeigen. Setzt man voraus, daß die Dichte sowie das in Bild 2 dargestellte Intensitätsverhältnis der drei Hauptreflexe des kristallinen PÄT, bezogen auf die Streuintensität des amorphen Untergrundes, ein Maß für den kristallinen Anteil des PÄT darstellen, kann folgende Aussage gemacht werden:

Während der zweistündigen Temperung bei 80 und 95°C hat noch keine nachweisbare Kristallisation stattgefunden. Oberhalb 95°C beginnt die Kristallisation und ergibt bei 100°C bereits einen verhältnismäßig hohen Kristallinitätsgrad. Bei weiterer Temperaturerhöhung nimmt der Kristallinitätsgrad stetig, jedoch wesentlich langsamer, zu. Etwa ab 160 bis 170°C ist dagegen wieder eine sehr viel stärkere Kristallinitätsgradzunahme festzustellen. Der maximale Kristallinitätsgrad wird unter den beschriebenen Temperungsbedingungen bei 240°C erreicht. Bei noch höheren Temperaturen nimmt der Kristallinitätsgrad ab. Dies ist auf das einsetzende partielle Schmelzen bzw. auf die bei Temperaturen in der Nähe des Schmelzpunktes stark herabgesetzte Kristallisationsgeschwindigkeit zurückzuführen (vgl. [1, 2, 3]).

[1]) II s. d Z. **19** (1968) 7, S. 301–303.

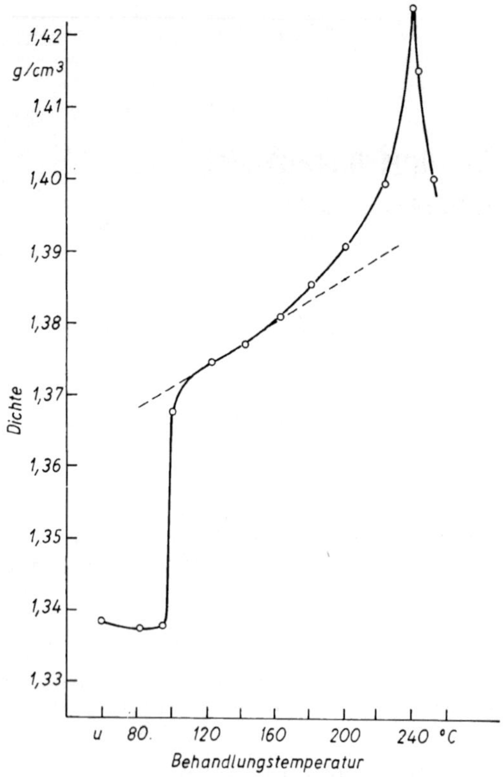

Bild 1. Abhängigkeit der Dichte von der Vorbehandlungstemperatur

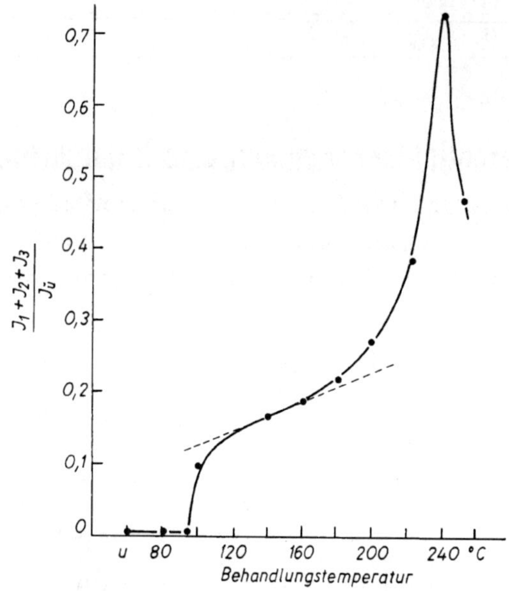

Bild 2. Abhängigkeit der Röntgenkristallinität (Intensität der drei kristallinen Hauptreflexe bezogen auf die Intensität des amorphen Untergrundes) von der Vorbehandlungstemperatur

Eine detaillierte Deutung der Kristallinitätsgradänderung im genannten Temperaturgebiet braucht an dieser Stelle nicht vorgenommen zu werden, da eine Reihe von Autoren [1, 4, 5, 6] prinzipiell ähnliche Abhängigkeiten beschrieben und interpretiert haben. Es soll nur bemerkt werden, daß bei Versuchen, bei denen die Proben nach dem Tempern nicht abgeschreckt, sondern langsam abgekühlt wurden, eine ähnliche Kristallinitätsgrad/Temperatur-Beziehung beobachtet wurde. Größere Abweichungen traten nur im Temperaturbereich zwischen 240 und 260°C auf. Hier wurden deutlich höhere Kristallinitätsgrade gefunden, was auf die beim langsamen Abkühlen stattfindende Kristallisation der partiell geschmolzenen bzw. noch nicht kristallisierten Anteile zurückzuführen ist.

Bei Messungen an PÄT-Proben die aus der Schmelze durch sehr langsames Abkühlen (in großen Metallwannen) kristallisiert waren, wurden Dichtewerte von ca. 1,41 g/cm³ und bei Röntgenmessungen ebenfalls hohe Kristallinitätsgrade gefunden.

3. *Durchführung der DTA-Messungen*

Für die DTA-Untersuchungen stand ein Derivatograph zur Verfügung.

Folgende Versuchsbedingungen wurden gewählt:

Probeneinwaage: 250 mg;
Inertstoffart und Einwaage: 357 mg α-Aluminiumoxid;
Heizgeschwindigkeit: vorwiegend 3 grd/min, für spezielle Messungen auch 7,5, 16 und 30 grd/min;
DTA-Empfindlichkeit: 1/1 (höchster Empfindlichkeitsbereich);
Atmosphäre: Stickstoff (10 l/h);
Probenkorngröße: $< 0{,}4 > 0{,}2$ mm.

4. *Versuchsergebnisse*

4.1. *Interpretation der DTA-Schmelzkurve*

In Bild 3 ist schematisch die DTA-Schmelzkurve von kristallisiertem PÄT dargestellt. Der endotherme Schmelzpeak wurde folgendermaßen ausgewertet:

Ts_b ist die Temperatur, bei der der endotherme Schmelzpeak einsetzt. Diese Temperatur charakterisiert den Schmelzbeginn von PÄT recht genau. Vergleichsuntersuchungen mit einem Plastometer ergaben eine gute Übereinstimmung zwischen Ts_b und der Temperatur, bei der die durch das beginnende Schmelzen hervorgerufene Plastifizierung des PÄT einsetzt.

Ts ist die Temperatur des Schmelzpeakmaximums, sie wird als „Schmelzpunkt" des PÄT bezeichnet.

Fs ist die Fläche des Schmelzpeaks und wird als relative Kenngröße für die Schmelzwärme verwendet.

Hs die Höhe des Schmelzpeaks, kann zwar nicht unmittelbar zur Bestimmung der Schmelzwärme

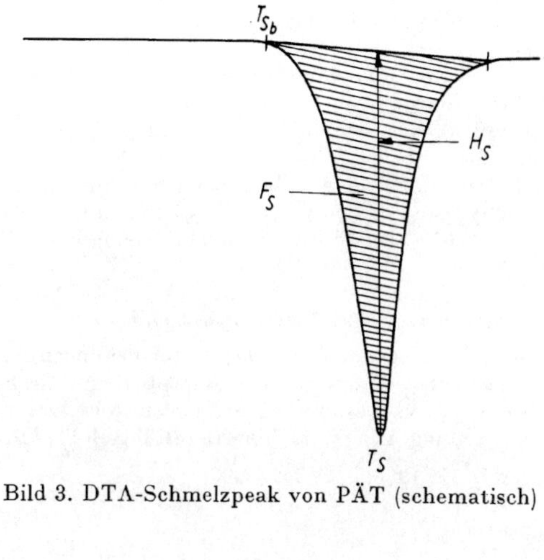

Bild 3. DTA-Schmelzpeak von PÄT (schematisch)

herangezogen werden, sie zeigt aber dennoch recht empfindlich Unterschiede im Schmelzverhalten unterschiedlich vorbehandelter PÄT-Proben an.

4.2. *Einfluß der thermischen Vorbehandlung auf die Schmelzwärme*

In Bild 4 sind die Höhen und Flächen des DTA-Schmelzpeaks in Abhängigkeit von der Temperungstemperatur dargestellt. Betrachtet man zunächst nur die Schmelzpeakflächen, so ergibt sich die überraschende Feststellung, daß diese bis zu Vorbehandlungstemperaturen von ca. 200 °C unabhängig von der thermischen Vorbehandlung sind. Erst bei Temperungen oberhalb 200 °C steigen die Peakflächen deutlich an und erreichen bei ca. 240 °C ein Maximum. Den gleichen Verlauf zeigen auch die Schmelzpeakhöhen. Aus diesen Meßergebnissen könnte man folgern, daß die im Temperaturbereich von 80 bis 200 °C jeweils 2 h getemperten Proben alle die gleiche Schmelzwärme besitzen, obwohl auf Grund der Dichte- und Röntgenmessungen zum Teil erhebliche Kristallinitätsgradunterschiede zwischen den einzelnen Proben bestehen. Lediglich die im Temperaturbereich von 200 bis 240 °C getemperten Proben hätten demnach eine deutlich höhere Schmelzwärme. Eine solche Interpretation der Meßergebnisse stünde jedoch im Widerspruch zu den häufig für Kristallinitätsgradbestimmungen verwendeten Randbedingungen, daß zwischen dem Kristallinitätsgrad und der Schmelzwärme von partiell-kristallinen Hochpolymeren ein linearer Zusammenhang besteht. Ganz sicher gibt es diesen Zusammenhang; unsicher ist jedoch, ob die Dichte bzw. die aus den Röntgenbeugungsdiagrammen in der herkömmlichen Weise ermittelten Kenngrößen ein wahres Bild über die wirklichen Kristallinitätsgrade vermitteln. Theoretisch könnte man sich jedenfalls vorstellen, daß die bei verschiedenen Temperaturen (z. B. zwischen 100 und 200 °C) getemperten PÄT-Proben keine echten Kristallinitätsgradunterschiede aufweisen, sondern sich lediglich in der Packungsdichte der Makromoleküle (amorphe Anteile und bereits vorhandene Kristallite) beziehungsweise hinsichtlich der Kristallitgrößen, der Kristallitgrößenverteilung und dem Ordnungsgrad innerhalb der Kristallite unterscheiden.

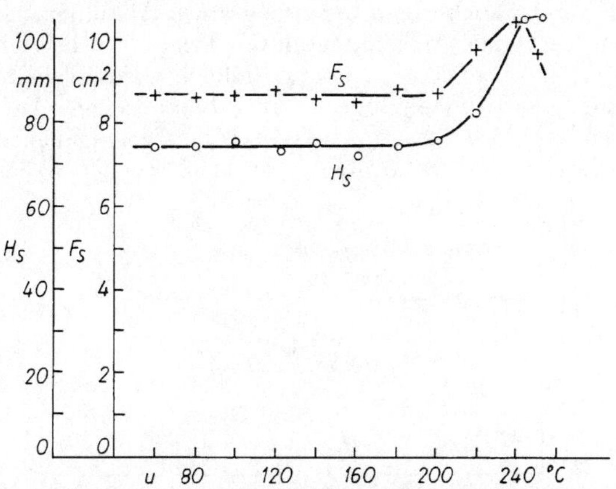

Bild 4. Fläche und Höhe des DTA-Schmelzpeaks von PÄT in Abhängigkeit von der Vorbehandlungstemperatur

Da in dieser Arbeit jedoch keine Beweise für diese Hypothese vorgelegt und insbesondere die Zweifel an der Eignung der Dichte und der Analyse der Röntgenbeugungsintensitäten für die Kristallinitätsgradbestimmung nicht überzeugend begründet werden können, muß eine näher liegende Deutungsmöglichkeit für die oben genannten Meßergebnisse in Betracht gezogen werden. Danach ist anzunehmen, daß während des Aufheizens beim DTA-Versuch eine Nachkristallisation der unterschiedlich vorgetemperten Proben stattfindet. Im Ergebnis dieser Nachkristallisation erreichen alle Proben noch vor Beginn des Schmelzvorganges den gleichen Kristallinitätsgrad und besitzen demzufolge gleiche Schmelzwärmen.

Bei den vorher amorphen PÄT-Proben (unbehandelt, 2 h 80 °C, 2 h 95 °C) beobachtet man auf den DTA-Kurven den charakteristischen Kaltkristallisationspeak, dessen Maximum bei ca. 130 °C liegt. Der Wärmeeffekt dieses Kaltkristallisationsvorganges ist aber beträchtlich kleiner, als jener des nachfolgenden Schmelzvorganges. Wenn die Proben im Ausgangszustand „rein amorph" waren (auf Grund der Dichte- und Röntgenmessungen könnte man dies voraussetzen), muß also im Anschluß an die Kristallisation noch ein Nachkristallisationsvorgang folgen, dessen Kristallisationswärme zusammen mit der Wärmemenge des Kaltkristallisationsvorganges der beobachteten Schmelzwärme entspricht. Wir haben auf den DTA-Kurven keinen derartigen exothermen Nachkristallisationseffekt nachweisen können. Es ist aber denkbar, daß dieser Vorgang verhältnismäßig langsam und stetig abläuft und deshalb keinen gesonderten Peak auf der DTA-Kurve hinterläßt, sondern bestenfalls eine langgezogene, kaum nachweisbare „exotherme Wölbung". Wenn also tatsächlich ein solcher Nachkristallisationsvorgang bei den ursprünglich amorphen wie auch bei ben bereits vorkristallisierten Proben stattfindet, könnte ein Kristallinitätsgradausgleich während des Aufheizens zu erwarten sein. Gestützt wird diese Deutung durch folgenden Versuch:

Amorphes PÄT sowie eine PÄT-Probe, die vorher 2 h bei 150 °C getempert worden war, wurden im Derivatographen jeweils mit 3 grd/min von Zimmertemperatur bis zu verschiedenen Temperaturen erhitzt und anschließend schnell abgekühlt. Durch Dichtemessungen an diesen mit gleichmäßiger Geschwindigkeit erhitzten Proben sollte festgestellt werden, ob und bei welcher Temperatur die vorher amorphen Proben die gleiche Dichte erreichen, wie die zuvor bei 150 °C getemperte Probe. Aus Bild 5 ist zu erkennen, daß dies unter den beschriebenen Aufheizbedingungen bereits bei ca. 180 °C erfolgt. Beim Erhitzen über 180 °C hinaus, nimmt die Dichte der vorgetemperten und der „unterwegs" kristallisierten Probe in gleichem Maße zu, so daß vor dem Beginn des Schmelzens beide Proben die gleiche Dichte besitzen.

Es ist daher sehr wahrscheinlich, daß sich auf diese Weise auch die oben beschriebenen Kristallinitätsgradunterschiede der unterschiedlich getemperten PÄT-Proben völlig ausgeglichen haben. Daß die oberhalb 200 °C getemperten Proben eine höhere Schmelzwärme besitzen (s. Bild 4), liegt offenbar daran, daß die Kristallisationsgeschwindigkeit in diesem Temperaturgebiet wieder stark abnimmt, weshalb beim gleichmäßigen

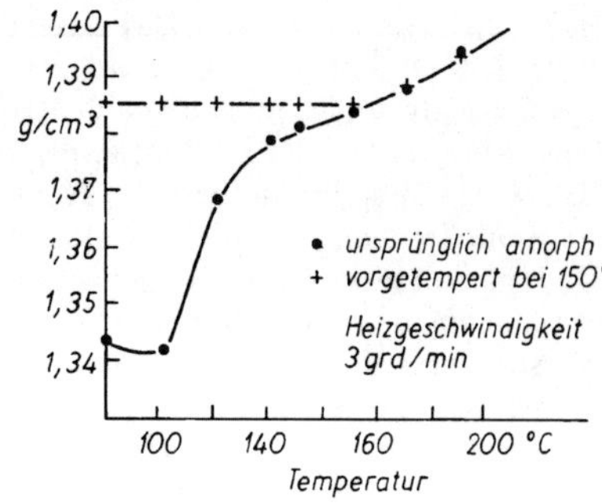

Bild 5. Dichteänderung von amorphen und vorgetemperten PÄT-Proben beim gleichmäßigen Erwärmen von 25 bis 220 °C

Erwärmen mit 3 grd/min nicht wieder der gleiche Kristallinitätsgrad erreicht werden kann, wie bei einer zweistündigen Temperung.

Es wurden auch DTA-Messungen mit höheren Heizgeschwindigkeiten (7,5, 16, 30 grd/min) durchgeführt, um die Nachkristallisation während des Aufheizens zu verhindern bzw. einzuschränken. Aber auch bei diesen Heizgeschwindigkeiten wurden trotz unterschiedlicher Kristallinitätsgrade der eingesetzten Proben gleich große Schmelzpeakflächen gefunden.

Auf Grund der beschriebenen Nachkristallisation während des Aufheizvorganges können nach unserer Auffassung mit Hilfe der DTA keine Kristallinitätsgradbestimmungen an PÄT durchgeführt werden. Es sei denn, daß die zu untersuchenden Proben, z. B. Proben mit unterschiedlichem Orientierungsgrad (Reckreihe), während des Aufheizens verschiedene „Endkristallinitätsgrade" erreichen. In diesem Falle sind die gemessenen Kristallinitätsgrade aber nicht identisch mit den Kristallinitätsgraden im Ausgangszustand. Eine exakte Korrektur ist nicht möglich, weil auf der DTA-Kurve zwar der Wärmeeffekt des Kaltkristallisationsvorganges recht genau ermittelt werden kann, nicht aber der entsprechende Wärmeeffekt der Nachkristallisation.

4.3. *Einfluß der thermischen Vorbehandlung auf die charakteristischen Schmelztemperaturen*

In Bild 6 ist die Temperatur des Schmelzbeginns als Funktion der Temperungstemperatur dargestellt. Sieht man zunächst von den Werten der unbehandelten und bei 80 °C getemperten Probe, also den ursprünglich amorphen Proben ab, kann eine deutliche Erhöhung der Temperatur des Schmelzbeginns mit steigender Temperungstemperatur festgestellt werden. Bemerkenswert ist, daß die ursprünglich amorphen Proben, die erst während des DTA-Aufheizversuches kristallisiert sind, etwa bei der gleichen Temperatur zu schmelzen beginnen, wie die 2 h bei 140 °C getemperte Probe. Dies ist wieder darauf zurückzuführen, daß während der Kaltkristallisation, die im Temperaturbereich von etwa 120 bis 140 °C stattfindet, offenbar die gleiche Kristallitstruktur entsteht, wie bei der zweistündigen Temperung bei 140 °C. Es hat demnach die Temperatur, bei der die Kristallite entstehen, entscheidenden Einfluß auf die Temperatur des Schmelzbeginns (vgl. auch [7, 8]).

Messungen mit unterschiedlichen Aufheizgeschwindigkeiten (7,5 und 3 grd/min) zeigten, daß die Temperaturen

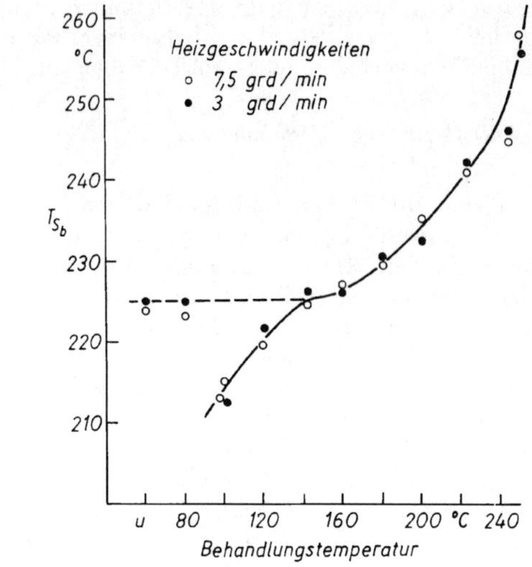

Bild 6. Abhängigkeit der Temperatur des Schmelzbeginns von der Vorbehandlungstemperatur

des Schmelzbeginns weitgehend unabhängig von der jeweiligen Heizgeschwindigkeit sind.

Zwischen der Dichte der bei verschiedenen Temperaturen kristallisierten PÄT-Proben und der Temperatur des Schmelzbeginns besteht ein linearer Zusammenhang (vgl. Bild 7).

Hervorzuheben ist weiterhin, daß sowohl bei den ursprünglich amorphen als auch bei den getemperten PÄT-Proben der Schmelzbeginn verhältnismäßig scharf auf den DTA-Kurven angezeigt wird. Dagegen beobachtet man bei PÄT-Proben, die durch sehr langsames Abkühlen aus der Schmelze gewonnen wurden, einen sehr „verschmierten" Schmelzbeginn. Bei diesen Proben beginnt das Aufschmelzen der ersten Kristallite bei wesentlich niedrigeren Temperaturen und setzt sich mit steigender Temperatur kontinuierlich, immer stärker werdend, fort, bis schließlich am Schmelzpunkt auch die letzten Kristallite aufgeschmolzen sind. Man kann deshalb annehmen, daß beim langsamen Abkühlen der Schmelze ein wesentlich breiteres Kristallitgrößenspektrum entsteht als beim isothermen bzw. dynamischen Erhitzen von amorph erstarrtem PÄT. Das ist auch verständlich, denn beim langsamen Abkühlen der Schmelze können sich im gesamten Temperaturbereich von ca. 250 bis 100 °C Kristallite bilden, während beim isothermen Erhitzen oder beim dynamischen Aufheizen die Kristallisation erst bei der vorgegebenen Temperungstemperatur bzw. erst beim Erreichen der

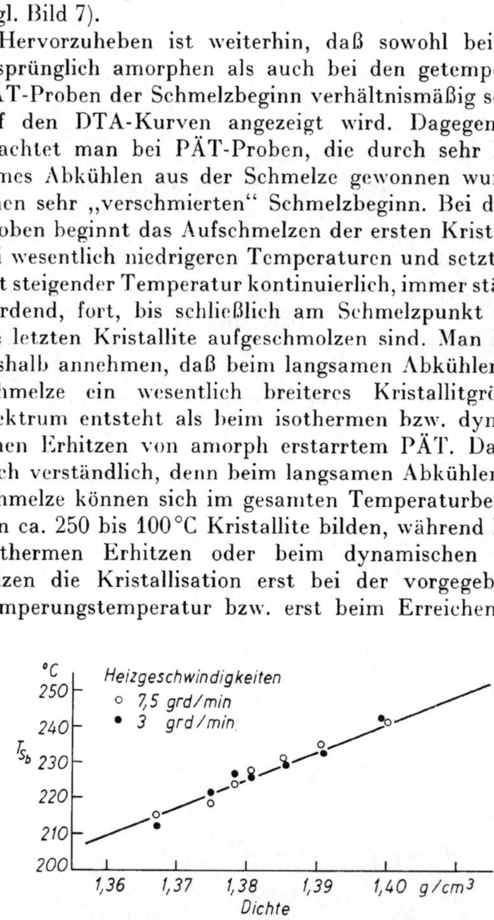

Bild 7. Zusammenhang zwischen der Temperatur des Schmelzbeginns und der Dichte von PÄT

Tabelle 1. Abhängigkeit des Schmelzpunktes von PÄT von der Vorbehandlungstemperatur (2 h Temperung)

Vorbehandlungs-temperatur °C	Schmelzpunkt °C
unbehandelt	260
81	260
100	261
122	261,5
142	262
161	260
180	259
200	262
223	263,5
243	264
251	264
255	268
259	271
260	272
261	274
263	274

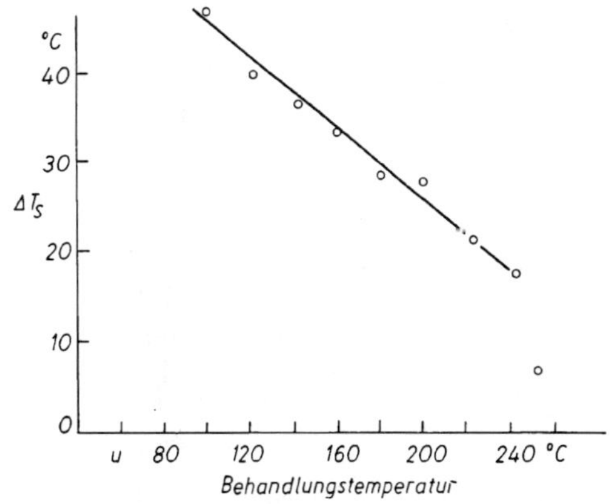

Bild 8. Breite des Schmelzbereiches in Abhängigkeit von der Vorbehandlungstemperatur

Kaltkristallisationstemperatur einsetzt, so daß der Temperaturbereich, in dem die Kristallisation stattfindet, von vornherein eingeschränkt ist.

Im Gegensatz zur Temperatur des Schmelzbeginns erhöht sich die Temperatur des Schmelzendes, der Schmelzpunkt, nur verhältnismäßig wenig mit steigender Vorbehandlungstemperatur. Erst nach Temperungen oberhalb 250 °C ist ein starker Schmelzpunktanstieg festzustellen (vgl. Tabelle 1). Infolgedessen nimmt die Breite des Schmelzbereiches (ΔTs), gemessen von Ts_b bis Ts, mit steigender Temperungstemperatur deutlich ab (s. Bild 8, vgl. auch [9]).

Zusammenfassend kann gesagt werden, daß sich mit steigender Vorbehandlungstemperatur die Temperatur des Schmelzbeginns erhöht, die Temperatur des Schmelzendes dagegen nur sehr wenig zunimmt. Das bedeutet, daß insbesondere der „untere Bereich" des Kristallitgrößenspektrums mit zunehmender Temperungstemperatur „abgebaut" wird, während der Anteil der besonders großen und stabilen Kristallite nur geringfügig steigt.

4.4. Extrem hohe Schmelzpunkte

Im vorangegangenen Abschnitt wurde bereits angedeutet, daß eine wesentliche Erhöhung der Schmelzpunkte erst dann eintritt, wenn PÄT bei Temperaturen oberhalb 250 °C getempert wird. Bei Temperungstemperaturen von 251 bis 263 °C und Verweilzeiten von 2 h fanden wir Schmelzpunkte von 268 bis 274 °C gegenüber 260 bis 262 °C im Ausgangszustand. *Schumann* und *Holze* [10] sowie *Schulken, Boy* und *Cox* [11] konnten durch sehr langes Tempern im Schmelzbereich des PÄT Schmelztemperaturen von 276 bzw. 280 °C erzielen. Derartig extrem hohe Schmelzpunkte wurden z. B. auch bei Polyurethan [12], Poly-1,4-cyclohexylen-dimethylenterephthalat [11] und Polyundecanamid [13] beobachtet. In allen Fällen wurden diese Werte durch langzeitiges Tempern im Schmelzbereich der betreffenden Polymeren erzielt. Diese Erscheinung wird folgendermaßen gedeutet (vgl. auch [11 bis 14]): Wird eine kristalline Polymerprobe im Schmelzbereich bei $Tk < Ts$ getempert, schmilzt ein Teil der Kristallite auf. Die größeren und gut geordneten Kristallite bleiben jedoch erhalten und können sich durch Verminderung („Ausheilen") von Gitterfehlordnungen sowie durch Wachsen auf Kosten der aufgeschmolzenen Kristallite stabilisieren. Wird die Temperungstemperatur dann weiter erhöht, wiederholt sich der gleiche Vorgang mit den bei T_k stabilisierten Kristalliten. Wieder wird ein Teil der nunmehr hochgeordneten Kristallite aufschmelzen, die verbliebenen Kristallite vervollkommnen dagegen ihre Gitterstruktur. Durch eine derartige stufenweise Temperung im Schmelzbereich kann sich die Kristallitstruktur des Polymeren allmählich der idealen, fehlerfreien Gitterstruktur annähern, wodurch sich der Schmelzpunkt ebenfalls schrittweise einem Grenzwert, dem Schmelzpunkt des „idealen Kristalliten" nähert.

Bild 9 zeigt den DTA-Schmelzpeak einer PÄT-Probe, die 2 h bei 259 °C getempert und anschließend langsam abgekühlt worden war. Beim erneuten Aufheizen dieser so vorbehandelten Probe treten zwei Schmelzpeaks auf, deren Maxima bei 260 bzw. 274 °C liegen. (Vor der Temperung betrug der Schmelzpunkt 262 °C). Hieraus folgt sehr anschaulich, daß während der Temperung im Schmelzbereich eine „Disproportionierung" stattgefunden hat. Ein Teil der Kristallite ist während der Temperung aufgeschmolzen, beim Abkühlen „normal" kristallisiert und zeigt demzufolge beim erneuten Aufheizen einen „normalen" Schmelzpunkt. Die stabilen Kristallite konnten ihre Gitterstruktur beim Tempern vervollkommnen und besitzen deshalb beim zweiten

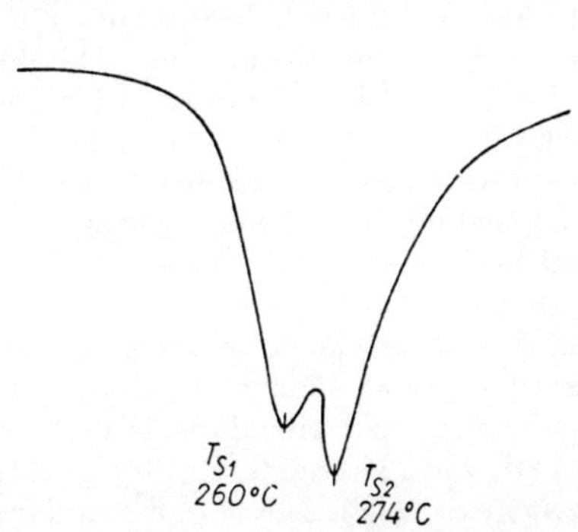

Bild 9. DTA-Schmelzkurve einer PÄT-Probe, die 2 h bei 259 °C getempert wurde

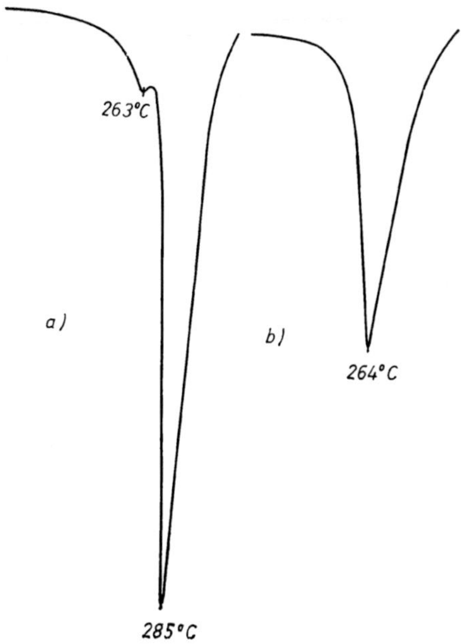

Bild 10. DTA-Schmelzkurven von PÄT aus dem „Spinnsumpf"
a) beim ersten Aufheizen
b) nach dem Aufschmelzen, Abkühlen und beim erneuten Aufheizen

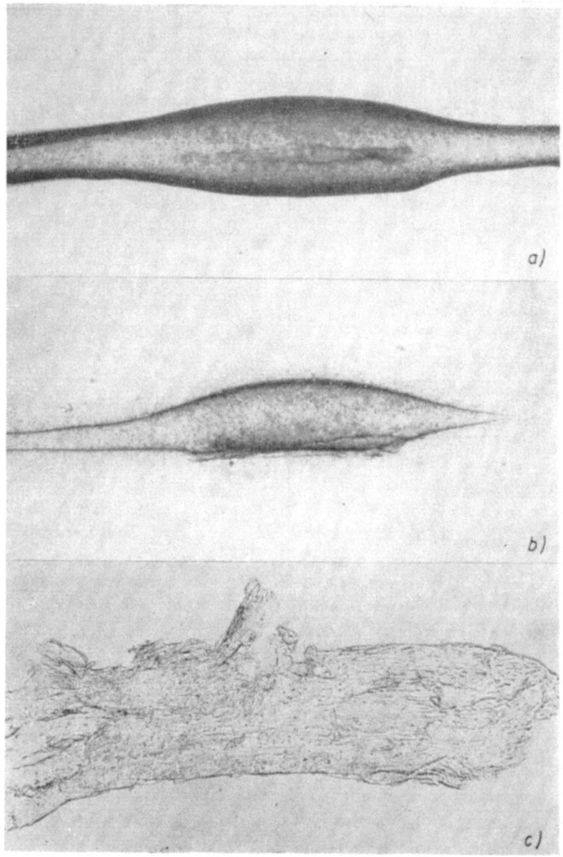

Bild 11. Auflösung einer Spinnmaser mit hochkristallinem Einschluß in Schwefelsäure (80%ig)
a), b) Maser, Vergr. 77:1 c) Einschluß, Vergr. 192:1

Aufheizen einen wesentlich höheren Schmelzpunkt. Tatsächlich konnten auch in der Praxis der Polyesterseiden- und -faserproduktion Polyäthylenterephthalat-Materialien mit extrem hohen Schmelzpunkten beobachtet werden.

Bei der Untersuchung einer PÄT-Probe, die sich innerhalb eines Zeitraumes von mehreren Wochen im Sumpfteil eines Rostspinnkopfes abgeschieden hatte (sog. Schmelztrichter) wurde neben einem ungewöhnlich großen DTA-Schmelzpeak auch ein extrem hoher Schmelzpunkt von 285 °C gefunden (vgl. Bild 10a). In einem zweiten Versuch wurde die gleiche Probe zunächst bis 300 °C erhitzt und damit völlig aufgeschmolzen und anschließend abgekühlt. Beim erneuten Aufheizen dieser Probe wurde auf der DTA-Kurve ein „normaler" Schmelzpeak mit einem „normalen" Schmelzpunkt von 264 °C beobachtet (s. Bild 10b). Damit darf angenommen werden, daß das Material mit dem extrem hohen Schmelzpunkt von 285 °C tatsächlich PÄT ist und nach einer Kristallisation unter normalen Bedingungen (in diesem Falle beim Abkühlen der Schmelze) den für PÄT charakteristischen Schmelzpunkt besitzt.

Es ist sehr wahrscheinlich, daß diese hochschmelzenden PÄT-Abscheidungen im Rostspinnkopf, ähnlich wie oben beschrieben, durch eine sukzessive Temperung von PÄT entstanden sind. Auch bei der Analyse von Masern, die sowohl bei Polyesterseiden als auch bei Polyesterfasern auftreten können, wurde ein besonderer Masertyp gefunden, der kristalline Einschlüsse mit Schmelzpunkten von 274 bis 282 °C enthält [15].

Bild 11 zeigt eine solche Maser und den daraus isolierten kristallinen Einschluß. Zur Identifizierung dieser kristallinen Einschlüsse wurden u. a. wiederum Schmelzversuche mit einem Mikroheiztisch nach *Boëtius* durchgeführt. In Analogie zu den Schmelzversuchen am „Schmelztrichter" zeigte sich, daß die ursprünglich hochschmelzenden Einschlüsse nach dem Aufschmelzen und Abkühlen „normale" Schmelzpunkte in der Größenordnung von 254 bis 256 °C besitzen (vgl. Tabelle 2). Daß diese kristallinen Einschlüsse sehr wahrscheinlich aus PÄT bestehen, bestätigen auch die Ergebnisse der Dichte- und UV-Messungen.

Für die Dichte der kristallinen Einschlüsse wurden Werte zwischen 1,415 und 1,435 g/cm³ gefunden. Die Messung des spektralen Transmissionsgrades im UV erfolgte mit Hilfe eines von *Kaufmann* [16] beschriebe-

Tabelle 2. Schmelzpunkt des Masermantels und der kristallinen Einschlüsse

Probe	Schmelzpunkt beim ersten Aufheizen °C		Schmelzpunkt beim zweiten Aufheizen (nach vorherigem Aufheizen u. Abkühlen) °C	
	Masermantel	krist. Einschluß	Masermantel	krist. Einschluß
Maser 1	258,5	278	256	256
Maser 2	258	278,5	254	254
Maser 3	257,5	276—282	255	255

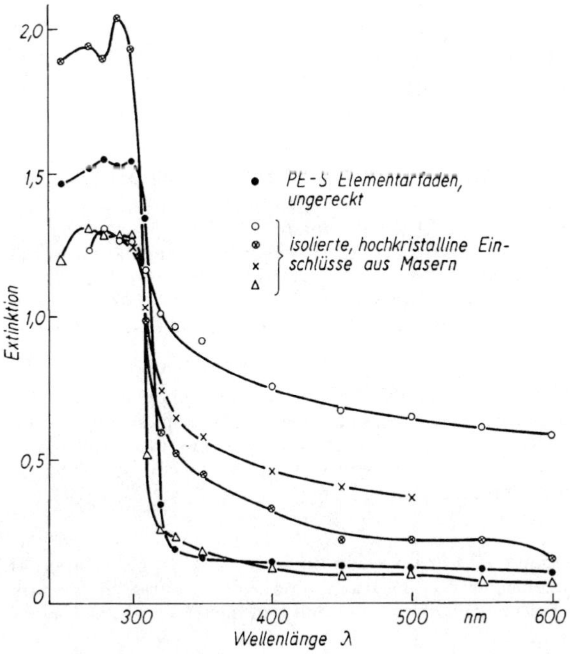

Bild 12. UV-Transmission von hochkristallinen Einschlüssen aus Polyester-Spinnmasern

nen UV-Mikrospektralphotometers. Da die untersuchten Einschlüsse keine einheitliche Dicke hatten, werden nur die direkt gemessenen Extinktionswerte ohne Berücksichtigung des *Schwarzschild/Villiger*-Effektes angegeben. Aus Bild 12 erkennt man, daß die UV-Spektren der untersuchten kristallinen Einschlüsse in guter Übereinstimmung mit dem Spektren eines zum Vergleich herangezogenen ungereckten Polyesterseiden-Elementarfadens stehen (vgl. auch [17]).

5. *Zusammenfassung*

Mit Hilfe der DTA wurde an PÄT-Granulaten, die bei verschiedenen Temperaturen getempert wurden, der Einfluß der thermischen Vorbehandlung auf das Schmelzverhalten untersucht. Es wurde festgestellt, daß insbesondere die Temperatur des Schmelzbeginns mit zunehmender Temperungstemperatur ansteigt. Der Schmelzpunkt erhöht sich dagegen mit steigender Behandlungstemperatur nur verhältnismäßig wenig. Erst bei Temperungen unmittelbar im Schmelzbereich steigt der Schmelzpunkt des PÄT sehr stark an und kann Werte von 275 bis 285°C erreichen. Die Breite des Schmelzbereiches nimmt mit steigender Vorbehandlungstemperatur ab. Der Einfluß unterschiedlicher Temperungsbedingungen auf die Schmelzwärme des PÄT konnte mit Hilfe der DTA nicht eindeutig aufgeklärt werden. Es wird angenommen, daß PÄT während des DTA-Versuches nachkristallisiert, ohne daß ein auswertbarer exothermer Peak (bis auf den Vorgang der Kaltkristallisation) nachgewiesen werden kann. Aus diesem Grunde dürften Kristallinitätsgradbestimmungen an PÄT mit Hilfe der DTA kaum exakt möglich sein.

Dem VEB Chemiefaserkombinat Schwarza „Wilhelm Pieck", Rudolstadt-Schwarza, danken wir für die Unterstützung bei der Durchführung dieser Arbeit.

Literatur

[1] *Cobbs, W. H.* jr., und *Burton, R. L.*: Crystallization of polyethylene terephthalate. J. Polymer Sci. **10** (1953) S. 275—290.

[2] *Rybnikar, F.*: Kristallisation von Polyäthylenterephthalat. Coll. czechoslov. chem. Commun. **25** (1960) S. 1529—1539.

[3] *Michajlov, N. V.*, *Klueva, O. A.*, *Gorbaceva, V. O.*, und *Fajnberg, S. S.*: Der Zusammenhang zwischen der Struktur und der Kettenorientierung von Polyäthylenterephthalat. Vysokomol. Soed. (Hochmol. Verbind.) **2** (1960) 6, S. 942—946.

[4] *Kilian, H. G.*, *Halboth, H.*, und *Jenckel, E.*: Röntgenographische Untersuchungen über das Schmelz- und Kristallisationsverhalten von Polyterephthalsäureglykolester. Kolloid-Z. **172** (1960) S. 166—177.

[5] *Mayhan, K. G.*, *James, W. J.*, und *Bosh, W.*: Polyethylene-terephthalate. I. Study of crystallization kinetics. J. appl. Polymer Sci. **9** (1965) S. 3605—3616.

[6] *Johnson, J. E.*: X-ray diffraction studies of the crystallinity in polyethylene terephthalate. J. appl. Polymer Sci. **2** (1959) 5, S. 205—209.

[7] *Tejtel'baum, B. Ja.*: Einige Fragen der thermischen Analyse von kristallinen Polymeren. Dokl. Akad. Nauk SSSR (Ber. Akad. Wiss. UdSSR) **169** (1966) 6, S. 1375—1378.

[8] *Mandelkern, L.*: The melting of crystalline Polymers. Rubber Chem. Technol. **32** (1959) S. 1392—1451.

[9] *Stuart, H. A.*: Die Physik der Hochpolymeren. Bd. **3**, S. 466. Berlin/Göttingen/Heidelberg: Springer 1955.

[10] *Schumann, H.*, und *Holze, W.*: Röntgenographische Kristallinitätsbestimmung von Polyterephthalsäureglykolester (PTGE). Z. physik. Chemie, Leipzig **219** (1962) 3/4, S. 159—167.

[11] *Schulken, R. M. jr.*, *Boy, R. E. jr.*, und *Cox, R. H.*: Differential thermal analysis of linear polyesters. J. Polymer Sci., C: Polymer Symposia (1964) 6, S. 17 bis 25.

[12] *Stuart, H. A.*: Die Textur von kristallinen Hochpolymeren. Kunststoffe **44** (1954) 7, S. 285—289.

[13] *Coste, J.*: Anwendung der Differentialthermoanalyse zur Untersuchung von Hochpolymeren. Ind. plastique mod. **9** (1957) S. 37—42.

[14] *Jenckel, E.*: Kristallisationserscheinungen in Kunststoffen, Kunststoffe **43** (1953) 11, S. 454—461.

[15] *Hoffrichter, S.*: Untersuchungen an Masern aus Polyester-Seide. Faserforsch. u. Textiltechnik **19** (1968) 7, S. 304—312.

[16] *Kaufmann, S.*: Ein einfaches UV-Mikrospektralphotometer. Acta histochemica **22** (1965) 1/4, S. 193—194.

[17] *Kaufmann, S.*: Mikrophotometrische Messungen an Fasern. Acta histochemica **22** (1965) 1/4, S. 205—208.

Eingegangen am 25. November 1969

Automatische Bestimmung der Viskosereife

Wiktor Grams und Alina Lipowska

Institut für Kunst- und Synthesefasern Łódź/Polen

DK 661.728.84:677.463.021.341.2:677.463.021.32:677.463.021.5:543.436

Lösungen von mattierten und unmattierten Viskosen in Harnstofflösung wurden mit $(NH_4)_2SO_4$-Lösung der Konzentration 500 g/l mit konstanter Dosierungsgeschwindigkeit titriert. Der Verlauf der Koagulation wurde mit einem nephelometrischen System kontinuierlich beobachtet. Die erhaltenen Titrationskurven dienten zur Ausarbeitung der automatischen Bestimmung des Reifegrades der Viskose. Die Reifegrade der mattierten und unmattierten Viskosen wurden auf Grund des Verlaufes der Titrationskurve automatisch exakt bestimmt.

Автоматическое определение зрелости вискозы

При постоянной скорости подачи раствора сульфата аммония (500 г/л) проведено титрование матированных и нематированных вискоз, растворенных в растворе мочевины. Процесс коагуляции непрерывно наблюдался нефелометрическим методом. На основании полученных кривых титрования был разработан автоматический метод определения зрелости вискозы. Для матированных и нематированных образцов вискозы было проведено точное определение зрелости автоматическим путем.

Automatic Determination of the Ripening of Viscose

Viscose solutions in urea with and without matting agents added were titrated with 500 g/l conc. solution of $(NH_4)_2SO_4$, the coagulation process being traced by nephelometry. The traces obtained were used to establish an automatic technique allowing to determine precisely the ripening degree of dull and unmatted viscose.

1. *Einleitung*

Das Problem der Bestimmung der Viskosereife für den Bedarf der Technologie der Viskosefasern wurde bis jetzt noch nicht im genügenden Grade gelöst. Es gibt darüber in der Literatur eine Reihe von Arbeiten. Aus einer umfangreichen Besprechung dieser Arbeiten von *Treiber* [1] geht hervor, daß die besten Ergebnisse bei der Bestimmung der Viskosereife mit der sogenannten „Elektrolytzahl" erzielt werden. Nach dieser, von *Matthes* [2] ausgearbeiteten Methode wird die Viskose mit Harnstofflösung verdünnt und Ammoniumsulfat als Koagulations-Elektrolyt angewendet. Diese hier skizzierte Methode ist von verschiedenen Seiten modifiziert worden (*Bandel* [3], *Philipp* [4]).

Die nach dieser Methode erhaltenen Ergebnisse werden verhältnismäßig wenig durch Änderungen der Temperatur, der Viskosität sowie des Gehaltes an freier Lauge und der Zusammensetzung der Viskose beeinflußt. Die Methode hat mit anderen den Nachteil, daß sie sich nicht der instrumentellen, objektiven Bestimmung des Endpunktes der charakteristischen Reaktion bedient. Bei den nach dieser Methode erhaltenen Ergebnissen wurde außerdem die Zeit, die für die Analysenarbeiten nötig ist, bisher nicht berücksichtigt. Durch die Automatisierung der analytischen Tätigkeiten werden jetzt diese Nachteile beseitigt.

Aus den Literaturangaben der letzten Jahre lassen sich in bezug auf die Bestimmungsmethoden zwei Hauptrichtungen in der Automatisierung unterscheiden:

Bei der ersten Richtung [5 bis 9] werden die Änderungen der plastischen Eigenschaften der Viskoselösung ausgenützt, die während der Zugabe des Elektrolyten mit konstanter Geschwindigkeit auftreten. Diese Änderungen, die schließlich zur Koagulation der Viskose führen, werden mittels eines Meßfühlers zu einem Verstärker geleitet; dieser steuert die Dosierung des Elektrolyten mittels eines elektromagnetischen Ventils, und im Moment der Koagulation wird das Ventil geschlossen.

Bei der zweiten Richtung werden die optischen Änderungen der Viskoselösung ausgenützt, die während der Zugabe des Elektrolyten mit konstanter Geschwindigkeit bei der Koagulation auftreten. Aus den uns zugänglichen Publikationen kann man schließen, daß nur *Barthel* [10] und *Treiber* [1] dieses Problem durch teilweise Automatisierung der *Matthes*-Methode gelöst haben. Hierbei nutzt *Barthel* die Änderung der Intensität des Lichtes aus, das durch die in Harnstofflösung gelöste Viskose während der Titration mit konstanter Geschwindigkeit mit der $(NH_4)_2SO_4$-Lösung der Konzentration 300 g/l geleitet wird. Bei *Treiber* wird der Verlauf der Titration in Gestalt von Kurven in Abhängigkeit von i, der Intensität des durch die Viskoselösung strömenden Lichtes, und v, dem Volumen des zugegebenen Elektrolyten, registriert. Der Endpunkt der Titration wird konventionell angenommen. Im Moment, wenn die Intensität des durch die Viskoselösung strömenden Lichtes um 25% im Vergleich mit der Anfangsintensität gesunken ist, schaltet der Apparat die Dosierung des Elektrolyten aus. Wie *Treiber* in seiner Arbeit festgestellt hat, ist diese Annahme mit einem gewissen Fehler belastet, der sich in Abhängigkeit von der Gestalt der Titrationskurve ändert.

Das Ziel unserer Arbeit war die Ausarbeitung einer Methode zur automatischen Bestimmung des Reifegrades mattierter und unmattierter Viskose sowie die Ausarbeitung von Grundlagen für die Projektierung eines Apparates, der auch den oben erwähnten Fehler eliminieren sollte [11].

2. *Experimenteller Teil*

Zunächst wurde ein Prototyp des Gerätes konstruiert. Dieser unterscheidet sich von dem von *Treiber* [1] beschriebenen Apparat dadurch, daß er nach dem Prinzip der nephelometrischen Titration der Viskoselösung mit dem zur Koagulation führenden Elektrolyt arbeitet. Die Intensitätsänderungen des durch die Viskoselösung gestreuten Lichtes wurden photoelektrisch gemessen und in Gestalt von Kurven auf dem Selbstregistrator registriert. Die $(NH_4)_2SO_4$-Lösung wurde mit konstanter Geschwindigkeit von 10 ml/min mittels einer automatischen Bürette der Firma Radiometer dosiert. Das Schema des Apparates stellt Bild 1 dar.

Die optimale Konzentration der $(NH_4)_2SO_4$-Lösung für die Titration wurde experimentell zu 500 g/l ermittelt. Die bisher in der *Matthes*-Methode angewandte Konzentration von 300 g/l war für die Bestimmung der Viskosereife nach unserer Methode zu niedrig. Dies bezieht sich vor allem auf junge Viskosen, die gegen die koagulierende Einwirkung des Elektrolyten widerstandsfähig sind.

Die Bestimmung des Reifegrades der Viskose wurde auf folgende Weise ausgeführt:

In das Gläschen mit 100 ml 15,75%iger Harnstofflösung wurden entweder etwa 4 g der unmattierten oder etwa 2 g

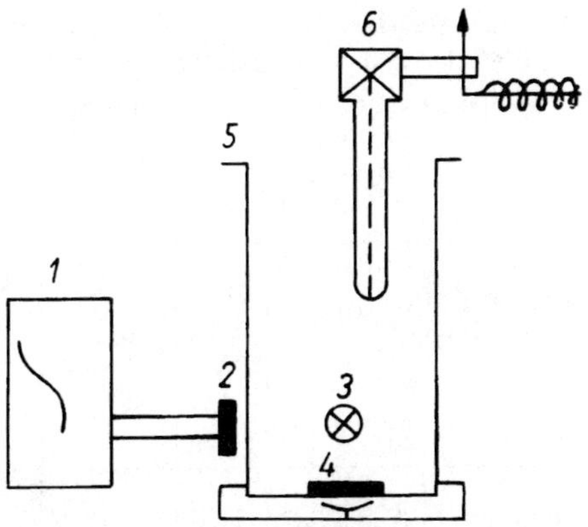

Bild 1. Schema der photoelektrischen Anordnung zur PK-Gradbestimmung

1 Schreiber, 2 Photozelle, 3 Lichtquelle, 4 Magnetrührer, 5 Becherglas, 6 Automatische Bürette ABU-1B (Radiometer Copenhagen)

der mattierten Viskose zugegeben. Die Viskoseprobe im Becherglas wurde so mit dem berechneten Volumen der Harnstofflösung verdünnt, daß die Endkonzentration der unmattierten Viskoselösung $4 \pm 0{,}05$ g Viskose in 100 ml $\pm 0{,}05$ ml Harnstofflösung und der mattierten Viskoselösung $2 \pm 0{,}05$ g Viskose in $100 \pm 0{,}05$ ml[1]) Harnstofflösung betrug. Das Becherglas mit der Viskoselösung wurde in den auf 20°C eingestellten Thermostat des Apparates gebracht und mit dem Magnetrührer wurde 10 min gerührt.

Dann wurde die automatische Dosierungsbürette eingeschaltet und die $(NH_4)_2SO_4$-Lösung in das Becherglas dosiert. Die für die Aufzeichnung der Kurve erforderliche Titrationszeit betrug etwa 5 min.

Die oben einführend beschriebenen Titrationsbedingungen erlaubten, die Koagulationsgeschwindigkeit des Cellulosexanthogenats so zu bestimmen, daß die registrierten Kurven den Verlauf der einzelnen Etappen genau darstellten.

Bei diesen Kurven wurden die Lichtintensität i und die Menge V des zugegebenen Elektrolyten in ml registriert. Alle auf Bild 2 dargestellten Kurven von unmattierter Viskose bestehen aus drei Teilen. Ihre Gestalt ist der polarographischen Welle ähnlich; sie ist für Viskosen mit verschiedenem Reifegrad reproduzierbar. Der untere, waagerechte Teil der Kurve stellt die Anfangsphase der Behandlung der Viskoselösung mit dem Elektrolyten bis zum Trübungspunkt dar.

Das Erscheinen der Trübung wird durch den Trübungspunkt PM bestimmt, dieser ist zugleich Anfangspunkt des steigenden Teils der Kurve. Ihr regelmäßiger Verlauf weist auf eine bestimmte Korrelation zwischen der ausgefällten Menge der Cellulosexanthogenatteilchen und der Intensität des gestreuten Lichtes hin. In dieser Phase des Prozesses hat die titrierte Viskoselösung eine weiße Färbung. Der zweite Teil der Titrationskurve endet in dem Punkt PA, dem Aggregationspunkt.

Der dem Punkt PA auf der Titrationskurve entsprechende Wert der Intensität des gestreuten Lichts ist größer für junge Viskose und sinkt mit fortschreitender Reife.

[1]) Die optimale Konzentration der Viskose in der Harnstofflösung wird experimentell bestimmt. Dies wird eingehend in weiterem Teil dieser Arbeit beschrieben.

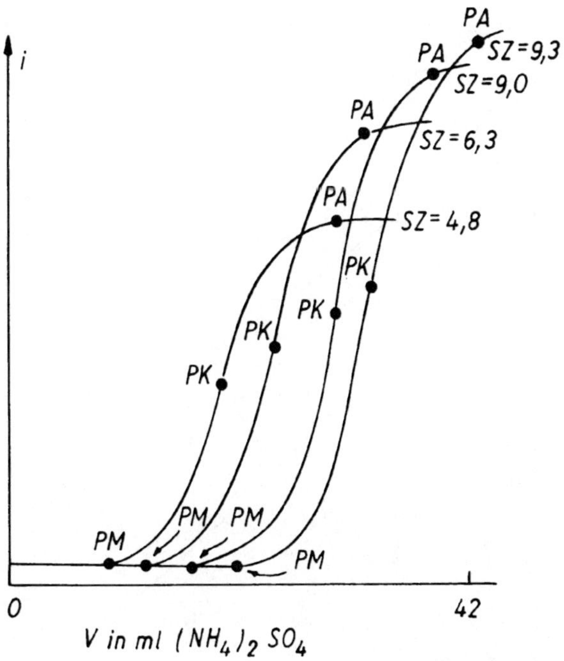

Bild 2. Koagulationskurven des Cellulosexanthogenats in der unmattierten Viskose

Die Menge des Elektrolyten, die zum Erreichen dieses Punktes auf der Titrationskurve nötig ist, verursacht — wie unsere Untersuchungen zeigten — eine völlige Ausfällung des Cellulosexanthogenats aus der Viskoselösung.

Die Größe der ausfallenden Teilchen des Cellulosexanthogenats in dieser Titrationsphase hängt vom Reifegrad der Viskose ab; sie ist größer für alte Viskosen, kleiner für junge Viskosen, jedoch ist die Zunahme des Durchmessers der ausgefällten Teilchen nicht so groß, daß während der Bestimmung Lichtreflexion auftreten würde.

Die Erhöhung der Nachreifetemperaturen der Viskose sowie der Titrationstemperatur, die Änderungen der Viskosereife hervorrufen, verursachen ein Sinken der Intensität des Streulichts.

Der letzte, fast waagerechte Teil der Kurve, vom Punkt PA beginnend, entspricht dieser Titrationsphase, in der visuell erfaßbare flockenartige Aggregate des Cellulosexanthogenats in der Viskoselösung zum Vorschein kommen. Nach dem Erreichen des Maximums im Punkt PA sinkt die Intensität des Streulichtes stufenweise. Dies wird durch absolute Verminderung der Teilchen des Cellulosexanthogenats infolge der Aggregation sowie durch Verdünnung der titrierten Lösung als Folge der weiteren Dosierung des Elektrolyten verursacht. Besonders charakteristisch auf der Titrationskurve ist der Punkt PK, der in der Mitte des zweiten Teiles der Kurve im Abschnitt PM—PA liegt (Bild 2).

In unserer Arbeit haben wir festgestellt, daß die Menge der $(NH_4)_2SO_4$-Lösung, die zum Erreichen dieses Punktes auf der Titrationskurve nötig ist, sich mit der Reifezeit der Viskose ändert. Bild 3 stellt die Kurve für diese Abhängigkeit dar.

Auf Grund der Analyse des experimentellen Materials haben wir für die Bestimmung der Viskosereife eine

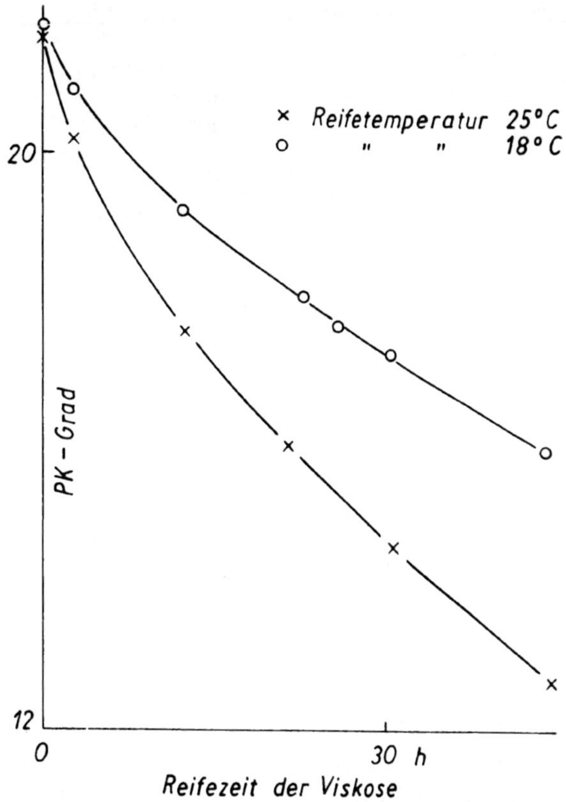

Bild 3. Abhängigkeit des PK-Grades von der Reifezeit der Viskose

solche ml-Menge der $(NH_4)_2SO_4$-Lösung genommen, die zum Erreichen des Punktes PK auf der Titrationskurve nötig ist.

Die Lage des Punktes PK auf den Titrationskurven charakterisiert sowohl den Solvatationsgrad des Cellulosexanthogenats in der Viskose als auch die Aggregationsfähigkeit ihrer Teilchen im Gelzustand. Diese Annahme kann infolge der spezifischen Gestalt der Titrationskurven und der Lage des Punktes PK als Grundlage für die Lösung des Problems der automatischen Bestimmung der Viskosereife dienen. Ein Viskosereifegrad, der nach unserer Methode 1 ml $(NH_4)_2SO_4$-Lösung der Konzentration 500 g/l entspricht, wurde als „PK-Grad" bezeichnet.

Tabelle 1. Einfluß der Reifezeit auf die Änderung der Viskosereife, ausgedrückt durch Salzzahl und PK-Grad

Viskose: Cellulosegehalt = 5,98%, $NaOH_{tot}$ = 6,17%, CS_2 = 80%, Kugelfallzeit = 190,0 s

Nr.	Reifegrad S. Z.	Reifegrad P. K.	γ-Wert	Reifezeit der Viskose h
1	20,0	23,4	83,8	0
2	20,0	21,7	77,8	5
3	18,8	19,7	73,7	10
4	13,5	17,1	65,0	25
5	11,3	16,4	62,1	34
6	9,0	15,1	57,4	46

Tabelle 2. Reproduzierbarkeit der automatischen PK-Gradbestimmung mit vorliegendem Meßgerät

Viskose: Cellulosegehalt = 5,98%, $NaOH_{tot}$ = 6,17%, CS_2 = 80%, Kugelfallzeit = 190,0 s

Verbrauch an Elektrolytlösung in ml (= PK)					Mittelwert $\bar{v}$ PK	Standardabweichung	Variationskoeffizient PK in %
25,6	25,3	25,3	25,3	25,5	25,4	0,16	0,63
23,5	23,4	23,4	23,2	23,2	23,3	0,14	0,60
20,8	20,9	21,0	21,0	20,7	20,9	0,13	0,63
19,1	18,1	19,0	19,0	18,8	19,0	0,12	0,63
17,0	16,8	16,8	16,9	17,0	16,9	0,10	0,59
15,1	15,0	14,9	14,9	14,9	15,0	0,10	0,68
12,0	11,9	11,9	12,0	11,9	11,9	0,07	0,59

In Tabelle 1 wurde der Einfluß der Reifezeit auf die Änderung der Viskosereife, ausgedrückt durch die Salzzahl und in PK-Graden, dargestellt.

Wie zu ersehen ist, kann mit der ausgearbeiteten Methode der Reifegrad von ganz jungen Viskosen bestimmt werden. Am Anfang des Reifeprozesses erfolgt ein rasches Abfallen des PK-Wertes in der Zeiteinheit. Dies erhöht die Empfindlichkeit der Methode zur Reifebestimmung der Viskosen in diesem Bereich, was von wesentlicher Bedeutung ist, wenn man berücksichtigt, daß die Präzision der Reifebestimmungen der jungen Viskosen viel schlechter ist als die der alten Viskosen (vgl. Tabelle 2).

Die Streuung von zwei parallelen Bestimmungen für unmattierte Viskosen überschreitet nicht 0,2 PK-Grad.

Die Gestalt der Titrationskurven für Lösungen der mattierten Viskosen ist etwas anders als die für die unmattierten Viskosen. Wie aus Bild 4 zu ersehen ist, besteht die Grundkurve der Titration aus drei Teilen. Der erste Teilabschnitt AB entspricht der Titrationsphase, in der die Konzentration des Titandioxids, also die Konzentration der Teilchen, die das Licht streuen, infolge der Zugabe der Elektrolytlösung ständig sinkt. Auf der Titrationskurve kann eine bedeutende Senkung der Intensität des gestreuten Lichts beobachtet werden. In dem Endteil des Abschnittes AB wird diese Senkung immer kleiner und erreicht sogar den Wert Null (Punkt B auf der Titrationskurve). Dies geschieht infolge der Ausfällung des Cellulosexanthogenats.

Punkt B bildet zugleich den Ausgangspunkt des zweiten Teils der Titrationskurve. Von diesem Punkt an beginnt die Zunahme der Intensität des gestreuten Lichts, da die Teilchenmenge des Cellulosexanthogenats infolge der fortschreitenden Koagulation steigt.

Im Punkt C erreicht der Wert der Intensität des gestreuten Lichts das Maximum, und es erfolgt vollkommene Ausfällung des Natriumcellulosexanthogenats. Der dritte Teil der Kurve (Abschnitt B) entspricht der Aggregation der vorher ausgefällten Teilchen des Cellulosexanthogenats.

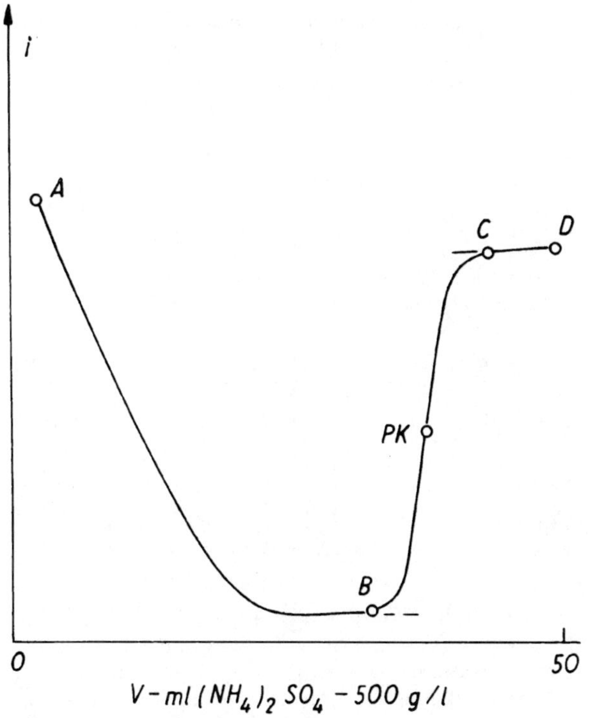

Bild 4. Koagulationskurve des Cellulosexanthogenats in der mattierten Viskose

Bild 5 stellt die erste Ableitung der Titrationskurven der Lösungen von mattierten und unmattierten Viskosen dar. Die Gestalt dieser Kurven ist identisch, jedoch ist das Anwachsen des Intensitätswertes des gestreuten Lichts durch die Natriumcellulosexanthogenatteilchen infolge der Anwesenheit von TiO_2 etwa viermal kleiner als im Fall der unmattierten Viskosen.

Die automatische Bestimmung des Punktes PK der Titrationskurven für mattierte Viskosen erfolgt analog der Bestimmung bei unmattierten Viskosen. Als zusätzliche Bedingung bei der Bestimmung des Reifegrades der mattierten Viskose ist die Bestimmung der optimalen Konzentration der Viskose in der Harnstofflösung erforderlich. Für diese Konzentration wird die Gestalt der Titrationskurve erhalten, wie sie auf Bild 4 dargestellt wurde.

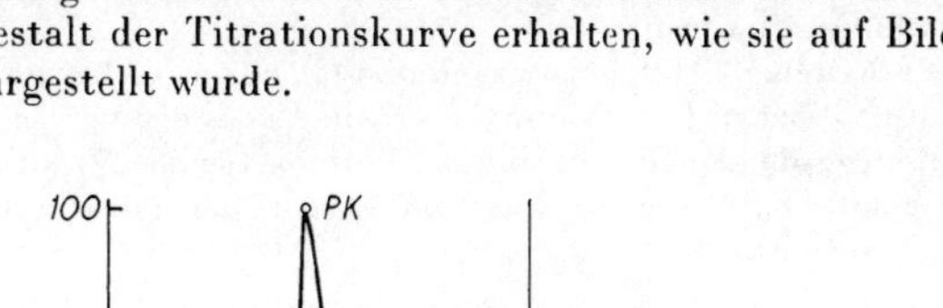

Bild 5. Erste Ableitung der Koagulationskurve des Cellulosexanthogenats

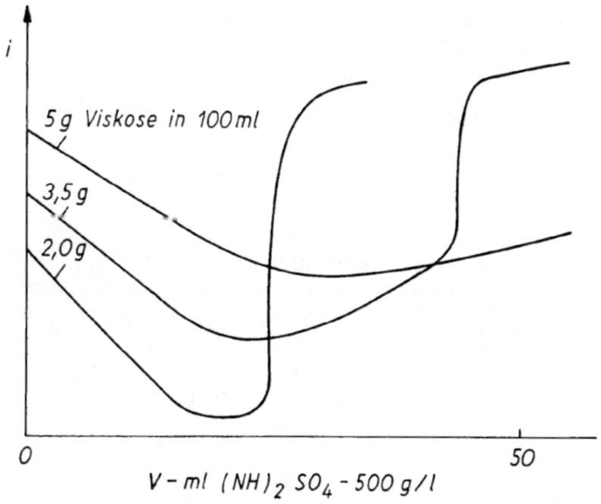

Bild 6. Einfluß der Konzentrationsänderung der mattierten Viskose auf die Titrationskurven

Der Einfluß der Konzentrationsänderung der mattierten Viskose in der Harnstofflösung auf den Verlauf der Titrationskurve stellt Bild 6 dar. Wie daraus zu ersehen ist, beträgt die optimale Konzentration für die vorgegebene Viskose 2 g in 100 ml Harnstofflösung. Diese Konzentration garantiert die richtige Arbeit des Apparates, d. h. die automatische Ausschaltung der Dosierung des Elektrolyten im Punkt PK.

Auf Grund der ausgearbeiteten Methode für die Bestimmung der Viskosereife wurde die Kinetik des Reifeprozesses der mattierten Viskose, die bei der Produktion von ARGONA-Fasern eingesetzt wird, bei 20° C untersucht.

In Bild 7 wurde die Abhängigkeit des PK-Grades von der Reifezeit der mattierten Viskose dargestellt. In der Tabelle 3 wurde dagegen die Reife in *Hottenroth*-Zahlen und PK-Gradwerten zuasmmengestellt. Wie aus Tabelle 3 ersichtlich ist, sind die Unterschiede zwischen den Reifegraden für die aus dem Kneter und aus dem Spinn-

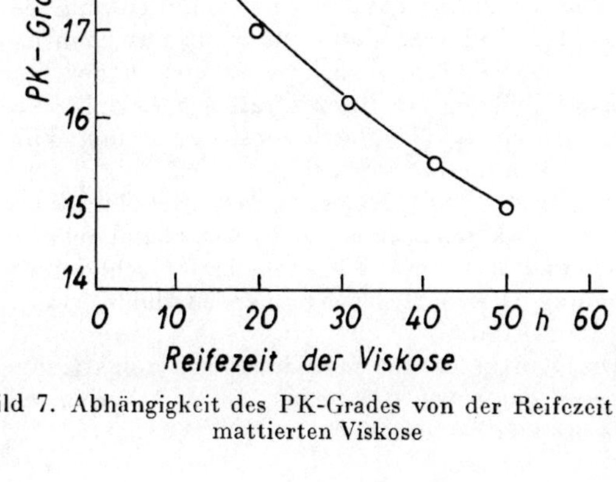

Bild 7. Abhängigkeit des PK-Grades von der Reifezeit der mattierten Viskose

Tabelle 3. Zusammenstellung der Reifebestimmungen der Betriebsviskose Argona nach der Hottenroth-Methode und nach PK-Grad

Viskose: Cellulosegehalt = 7,8%,
$NaOH_{tot}$ = 6,0%,
CS_2 = 38%,
Kugelfallzeit = 50 s,
TiO_2 (bezogen auf Cellulose) = 1,2%

PK-Grad	H^0 ml	NH_4Cl %
25,2	11,2	15
23,1	16,4	15
21,9	15,6	15
15,8	17,9	10
15,2	13,8	10
14,4	14,2	10
14,0	14,2	10
12,2	13,5	10

rohr entnommenen Viskosen beim PK-Grad viel größer als im Fall der *Hottenroth*-Zahl; dies erlaubt eine genauere Charakterisierung der Viskose in bezug auf die Reife durchzuführen.

In der Tabelle 4 wurde die Reproduzierbarkeit der automatischen PK-Gradbestimmung mit vorliegendem Meßgerät dargestellt. Die Streuung von zwei Parallelbestimmungen für mattierte Viskose überschreitet keine 0,3 PK-Grad. Die Zeit, die zur Reifebestimmung der unmattierten und mattierten Viskosen gebraucht wird, ist identisch, sie beträgt 10 min.

Die Streuung der Viskosereifebestimmung ist bei dieser Methode von der Homogenität der Viskose hinsichtlich der Widerstandsfähigkeit gegen die koagulierende Einwirkung des Elektrolyten abhängig. In gewissen Fällen ist eine automatische Bestimmung des PK-Wertes überhaupt unmöglich, und zwar in jungen wie auch in alten Viskosen. Es kann lediglich auf Grund des Verlaufs der Koagulationskurve der Viskose ihre Inhomogenität bewertet werden. Dieses Problem wird Gegenstand des weiteren Teils unserer Arbeit.

3. *Schlußfolgerungen*

Auf Grund unserer Untersuchungen über die Viskosereife mit der beschriebenen nephelometrischen Methode können folgende Schlußfolgerungen gezogen werden:

1. Die ausgearbeitete Methode stützt sich auf gewisse Regelmäßigkeiten im Koagulationsmechanismus des Cellulosexanthogenats. unter der Einwirkung des Elektrolyten. Der Koagulationsmechanismus kann mit großer Präzision kontinuierlich beobachtet werden.

2. Die Erhöhung der Konzentration der $(NH_4)_2SO_4$-Lösung von 300 auf 500 g/l erlaubt die Bestimmung der Viskosereife in ihrem ganzen Reifebereich.

3. Aus dem Vergleich des Verlaufs der Titrationskurven für Viskosen nach der von *Treiber* beschriebenen Methode und nach unserer Methode ergibt sich, daß die Anwendung der nephelometrischen Methode zweckmäßiger erscheint.

4. Die Reifegrade der mattierten und unmattierten Viskose werden automatisch exakt aus dem Verlauf der Titrationskurve bestimmt.

Tabelle 4. Reproduzierbarkeit der automatischen PK-Gradbestimmung mit vorliegendem Meßgerät

Viskose: Cellulosegehalt = 7,8%,
$NaOH_{tot}$ = 6,0%,
CS_2 = 38%,
Kugelfallzeit = 50 sek.
TiO_2 (bezogen auf Cellulose) = 1,2%

Verbrauch an Elektrolytlösung in ml (= PK)					Mittelwert $\bar{v}$ PK	Standardabweichung	Variationskoeffizient PK in %
23,6	23,8	23,4	23,4	23,5	23,5	0,17	0,72
20,3	20,1	20,3	20,4	20,2	20,3	0,10	0,49
18,3	18,4	18,4	18,1	18,2	18,3	0,11	0,60
16,3	16,4	16,7	16,7	16,5	16,5	0,18	1,13
15,0	15,0	14,9	14,8	14,7	14,9	0,11	0,74
13,1	13,2	13,0	13,0	13,1	13,1	0,09	0,69
12,4	12,3	12,5	12,5	12,2	12,4	0,13	1,04

5. Die zusätzliche Bedingung bei der Reifebestimmung der mattierten Viskose besteht in der Notwendigkeit der Bestimmung der optimalen Konzentration der Viskose in 100 ml der Harnstofflösung für einen vorgegebenen Mattierungsgrad der Viskose.

6. Die ausgearbeitete Methode erlaubt anhand des im Institut für Kunst- und Synthesefasern in Łódź konstruierten Apparates mit großer Präzision die automatische Bestimmung des Reifegrades von unmattierten und mattierten Viskosen.

Zusammenfassung

Der beschriebene Apparat arbeitet nach dem Prinzip der nephelometrischen Titration der Viskoselösung mit einer Koagulation verursachenden Elektrolytlösung. Die Intensitätsänderungen des durch Viskoselösung gestreuten Lichts wird photoelektrisch gemessen und in Gestalt von Kurven auf einem Schreiber registriert.

Alle dargestellten Kurven bestehen aus drei Teilen, und ihre Gestalt ist der polarographischen Welle ähnlich.

Es wurden Lösungen von mattierten und unmattierten Viskosen in Harnstofflösung mit $(NH_4)_2SO_4$-Lösung der Konzentration von 500 g/l mit konstanter Dosierungsgeschwindigkeit titriert.

Die erhaltenen Titrationskurven dienten zur Ausarbeitung der automatischen Bestimmung des Reifegrades der Viskose. Die Reifegrade der mattierten und unmattierten Viskose wurden automatisch exakt aus dem Verlauf der Titrationskurve bestimmt.

Literatur

[1] *Treiber, E.*, und *Ehrengard, D.:* Automatische Bestimmung des Viskosereifegrades. Holzforschung **20** (1966) 4, S. 113–120.

[2] *Matthes, A.:* Über die kolloidchemische Reife der Viskose, ihre Formulierung, Messung, Bewertung und ihre Anomalien. Faserforsch. u. Textiltechnik **8** (1957) S. 345–348.

[3] *Bandel, W.:* Über Beobachtungen an nachreifenden Viskosen. Holzforschung **14** (1960) S. 111–117.

[4] *Philipp, B.*, und *Dautzenberg, H.:* Untersuchungen zur Kinetik der Viskosennachreife. Faserforsch. u. Textiltechnik **9** (1958) S. 307–321.

[5] *Boenig, H.*, und *Beniers, M.:* Neuer Apparat zur Bestimmung des Reifegrades von Viskose. Melliand Textilber. **35** (1954) S. 1119–1121.

[6] *Onogi, S.*, und *Hayashi, Y.*: A rheological interpretation of the Hottenroth index method for viscose. Textile Res. J. **29** (1959) S. 873–879.
[7] Entwickelt von *Balaczyński* in der Chodakow Reyonfabrik Warschau 1939; zitiert in [9].
[8] Industrial Cellulose Research Ltd.: Testing methods and instruments used in our viscose laboratory. Hawkesbury, April 1948.
[9] *Bauriedel, G.*: DRP 729078, A.: 9. 12. 1942. Süddeutsche Zellwolle AG Kehlheim.
[10] *Barthel, P.*, *Pass, H.*, und *Mertel, H.*: Beitrag zur Bestimmung der kolloidchemischen Reife von Viskose. Faserforsch. u. Textiltechnik **16** (1965) S. 240–243.
[11] *Grams, W.*, und *Lipowska, A.*: Nephelometrische Bestimmung des Reifegrades von Viskosen. IWSS, Biul. Inform. **17** (1968) 5, S. 11–15.

Eingegangen am 12. September 1969

Untersuchungen zum Ablauf verschiedener Zersetzungsmechanismen bei Cellulosexanthogenat

Horst Dautzenberg und Burkart Philipp

Deutsche Akademie der Wissenschaften zu Berlin, Institut für Faserstoff-Forschung in Teltow-Seehof

DK 547.458.82:546.265.14:546.265.2:541.124:541.127.1:535.243.2

Mittels einer spektralfotometrischen Untersuchungsmethodik wurde für Cellulosexanthogenat der Anteil der reversiblen (CS_2-Abspaltung) und der irreversiblen (Abspaltung der Xanthogenatgruppen als Sulfid und COS bzw. Dithiocarbonat) Xanthogenatzersetzung an der Gesamtzersetzung in Abhängigkeit von der NaOH-Konzentration ermittelt und eine Aufschlüsselung der gemessenen RGK-Werte in Einzel-RGK-Werte für $C_{2,3}$- und C_6-Xanthogenat vorgenommen.

Исследование протекания различных механизмов разложения ксантогената целлюлозы

Методом спектрофотометрии определена доля обратимого (отщепление CS_2) и необратимого (отщепление ксантогенатных групп в виде сульфида и COS или дитиокарбоната) разложения ксантогената в зависимости от концентрации NaOH. Полученные значения констант скорости реакции пересчитывались раздельно для ксантогенатных групп у вторичных и первичного атомов углерода.

Investigations of Various Degradation Mechanisms of Cellulose Xanthate

The effect of the concentration of NaOH on the ratio of reversible (splitting off of CS_2) and the irreversible (splitting off of xanthate groups as sulfide and COS or dithiocarbonate) decomposition in the overall decomposition process of xanthate has been investigated by a spectrophotometric technique. The contribution of the individual rate constants of the decomposition at $C_{2,3}$ and C_6 to the overall rate constant obtained experimentally is determined.

1. *Einführung*

Für Xanthogenate mehrwertiger Alkohole vom Typ des Glykols hatten wir kürzlich dargelegt [1], daß neben der unter CS_2-Abspaltung verlaufenden Umkehrung der Bildungsreaktion (vgl. (2)) in wäßrig-alkalischer Lösung mindestens zwei weitere Zersetzungsvorgänge erfolgen, nämlich eine wahrscheinlich mit der Bildung von Alkylmonothiocarbonat („COS-Xanthogenat") verbundene Freisetzung von Sulfid bzw. H_2S schon bei niedrigem pH-Wert von etwa 7 bis 9 sowie eine bei hohem pH-Wert > 13 begünstigte Abspaltung von Dithiocarbonatanionen und gleichzeitig von Sulfid infolge direkter Umsetzung des Xanthogenats mit Hydroxylionen. Für Cellulosexanthogenat wurde von *Samuelson* [3] bereits vor einiger Zeit eine direkte Abspaltung von Dithiocarbonat als bei hoher Alkalität bevorzugter Zerfallsweg festgestellt. Im Rahmen unserer Arbeit zur Umxanthogenierung bei Cellulosexanthogenat und Viskosen interessierte uns die Frage, wie sich das Verhältnis von irreversibler (Abspaltung von CS_2O'' bzw. S'') zu reversibler (Abspaltung von CS_2) Xanthogenatzersetzung in Abhängigkeit von den Versuchsbedingungen verändert. Ziel der nachfolgend behandelten Untersuchungen war es daher, soweit als möglich zu quantitativen Aussagen über die Beteiligung von Dithiocarbonat- und CS_2-Abspaltung an der „Gesamtzersetzung" des Cellulosexanthogenats bei verschiedener NaOH-Konzentration zu gelangen, und zwar unter Differenzierung zwischen $C_{2,3}$-Xanthat und C_6-Xanthat. Daneben sollte geprüft werden, ob bei den Xanthogenaten der Cellulose und verschiedener Hemicellulosen sowie einiger einfacher Zucker bei niedrigerem pH-Wert (pH ~ 8) ausschließlich CS_2 oder auch wie aus Glykolxanthogenat Sulfid abgespalten wird.

2. *Versuchsmethodik*

Zur Untersuchung dienten verschiedene, mit 40% CS_2 (bezogen auf Cellulose) sulfidierte Versuchsviskosen mit einem Cellulosegehalt von 7,0 und einem NaOH-Gehalt von 6,0%, die sowohl frisch ($\gamma = 55$ bis 60) als auch abgereift ($\gamma = 35$ bis 40) ohne vorherige Entfernung der Nebenprodukte zur Messung eingesetzt wurden. Die außerdem untersuchten Reinxanthogenatlösungen von Cellulose, einigen Hemicellulosen und einigen Zuckern erhielten wir durch geeignete Xanthogenierung [4, 5] der entsprechenden Substanzen und anschließende Reinigung von Nebenprodukten durch Ionenaustausch [6] oder mittels Durchleiten von CO_2 [7].

Für die reaktionskinetischen Messungen bedienten wir uns überwiegend einer spektralfotometrischen Arbeitsmethodik und verfolgten bei 301 nm die Abnahme der Xanthogenatbande (z. B. [8]) bzw. gegebenenfalls zusätzlich die Bildung von Nebenprodukten, und zwar CS_3'' bei 336 nm, CS_2O'' bei 272 nm und $\Sigma S''$, CS_2O'', CS_3'', $ROCS_2'$ bei 228 nm [9 bis 11].

Die in Abhängigkeit von der Reaktionstemperatur und von der NaOH-Konzentration untersuchte Zersetzung der Cellulosexanthogenats erfolgte unter Konstanthaltung einer vorgegebenen Temperatur im Bereich zwischen 30 und 50°C und Durchleiten eines langsamen N_2-Stromes in einem geeigneten Reaktionsgefäß, das eine Probenahme in den gewünschten Zeitintervallen gestattete. Die spektralfotometrische Messung wurde nach Verdünnen der Proben mit cyanidhaltiger 5 m NaOH auf die erforderliche Konzentration an Xanthogenatgruppen in allen Fällen bei 20°C vorgenommen. Den Zersetzungs- und Meßlösungen wurde zur Vermeidung von Oxydationsreaktionen im allgemeinen 1‰ Cyanid als Antioxydans zugesetzt. Die Anfangskonzentration an Cellulosexanthogenat lag mit $< 1\%$ stets so niedrig, daß eine Rückreaktion von abgespaltenem CS_2 mit den alkoholischen Hydroxylgruppen der Cellulose vernachlässigt werden konnte und auf diese Weise die gesuchten wahren Geschwindigkeitskonstanten der Zersetzung gemessen wurden. Die Auswertung der Messungen erfolgte als Reaktion erster Ordnung mit graphischer Ermittlung der Halbwertszeiten für die parallel ablaufende Zersetzung von Cellulose-$C_{2,3}$- und C_6-Xanthogenat [12]. Schwierigkeiten bei der Auswertung ergeben sich in einem mittleren Bereich der Laugenkonzentration, in dem sich die Geschwindigkeitskonstanten für $C_{2,3}$- und C_6-Xanthogenat nur wenig voneinander unterscheiden. Die an abgereiften, fast nur noch C_6-Xanthogenat enthaltenden Viskosen gewonnenen Ergebnisse wurden deshalb zur Auswertung der Meßreihen an frisch hergestellten mit herangezogen. Den Anteil der CS_2-Abspaltung an der Gesamtzersetzung schätzten wir auf Grund der bei Zusatz von 1 mol/l Äthanol zur Zersetzungslösung auftretenden Reaktionsverlangsamung bzw. aus der bei Zusatz von 0,5 bis 2 mol/l Na_2S beobachteten Trithiocarbonatbildung ab, wobei im ersten Fall ein Vergleich der Meßreihen mit frischer und abgereifter Viskose auch hier eine näherungsweise Aufschlüsselung auf $C_{2,3}$- und C_6-Xanthogenat ermöglichte.

In einigen ergänzenden Meßreihen bei pH = 8 bestimmten wir die ausgetriebenen gasförmigen Zersetzungsprodukte H_2S, COS und CS_2, wie kürzlich beschrieben [1], nach Bindung als ZnS und Äthylmonothiocarbonat bzw. Äthylxanthogenat.

3. *Versuchsergebnisse und Diskussion*

3.1. *Zum Zersetzungsmechanismus des Cellulosexanthogenats im Vergleich zu anderen Xanthogenaten*

Nachdem frühere Arbeiten [2] gezeigt hatten, daß im *pH-Bereich 7 bis 13* eine Zersetzung des Äthylxanthogenats ausschließlich durch CS_2-Abspaltung erfolgt, während bei Glykolxanthogenat [1] diese Umkehrung der Bildungsreaktion maximal 50% der zersetzten Xanthogenatmenge bilanziert und hier in erheblichem Maße primär eine Freisetzung von Sulfid bzw. H_2S neben COS stattfindet, wurde geprüft, welchen Anteil an der Gesamtzersetzung bei pH = 8 eine solche Sulfidabspaltung bei den Xanthogenaten einiger Mono- und Polysaccharide hat. Xylosexanthogenat zerfiel bei der angewendeten Versuchstemperatur von 40°C ausschließlich unter CS_2-Abspaltung, während bei Mannosexanthogenat eindeutig H_2S als Zersetzungsprodukt in einer Menge von etwa 30 mol% der gleichzeitig abgespaltenen CS_2-Menge gefunden wurde. Bei den von uns untersuchten Polysaccharidxanthogenaten konnte für das eines Buchenxylans und das der Cellulose eine Sulfidabspaltung als zweiter Zerfallsweg ausgeschlossen werden, während für ein Steinnußmannan A [4] etwas widersprüchliche Ergebnisse erhalten wurden und eine Sulfidabspaltung möglich, wenn auch nicht bewiesen erscheint.

In *stark alkalischer Lösung* (*pH* $\geq$ *14*) konkurrieren bei der Zersetzung aller bisher untersuchten Xanthogenate CS_2-Abspaltung und direkte Umsetzung mit Hydroxylionen, wobei letztere in ihrem prozentualen

Tabelle 1. Molverhältnis Sulfid:Dithiocarbonat nach der Zersetzung verschiedener Xanthogenate in 10 m NaOH bei 50°C

Xanthogenat	Molverhältnis S'' : CS_2O''
Äthylxanthogenat	4,9
Methylxanthogenat	2,3
Glykolxanthogenat	2,0
Cellulosexanthogenat	0,8

Anteil an der Gesamtzersetzung mit steigender Laugenkonzentration zunimmt und zu Sulfid und Dithiocarbonat als Reaktionsprodukt führt, indem offenbar ein primär gebildeter Reaktionskomplex auf zwei voneinander unabhängigen Wegen zerfallen kann [1]:

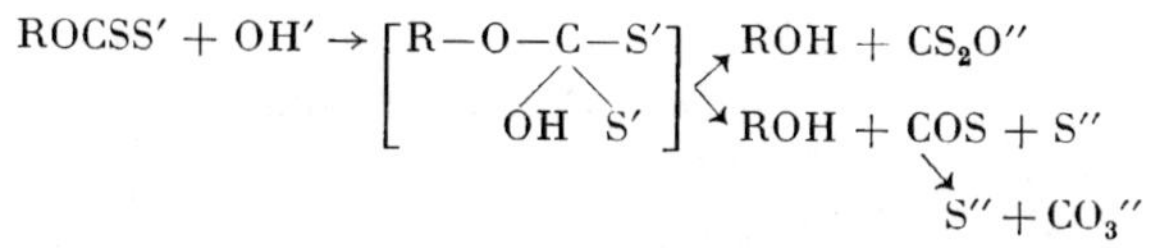

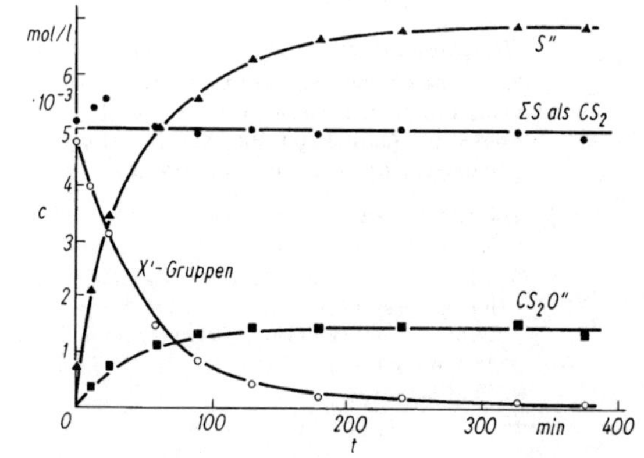

Bild 1a

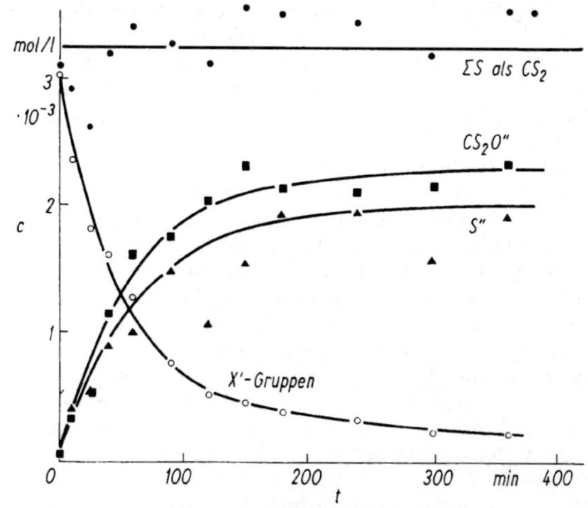

Bild 1b

Bild 1. Zeitlicher Verlauf der Xanthogenatgruppenkonzentration sowie der Sulfid- und Dithiocarbonatkonzentration bei der Xanthogenatzersetzung in 10 m NaOH bei 50°C

a) Kaliumäthylxanthogenat
b) Cellulosexanthogenat

Tabelle 2. Prozentanteil der CS_2-Abspaltung an der Gesamtzersetzung von Cellulosexanthat bei 50 °C

NaOH mol/l	Prozentanteil der CS_2-Abspaltung		
	Mittelwert (Abfangen mit Sulfid)	Einzelwerte $C_{2,3}$-Xanthat (Abfangen mit Äthanol)	Einzelwerte C_6-Xanthat (Abfangen mit Äthanol)
0,1	99	100	100
1	91	100	100
2	68···89	80; 77	70; 55
4	33···64	47	38
6,2	14···18	41	14
10	—	3	4

Welcher der beiden Zerfallswege bevorzugt wird, hängt offensichtlich von der Konstitution des zugrunde liegenden Alkohols ab (Tabelle 1, Bild 1a und 1b).

Bei stabilen Xanthogenaten ist nach dem jetzt vorliegenden Versuchsmaterial eine primäre Sulfidbildung gegenüber der Abspaltung von Dithiocarbonat begünstigt.

3.2. CS_2- und Dithiocarbonatabspaltung aus Cellulose-$C_{2,3}$- und Cellulose-C_6-Xanthat in Abhängigkeit von der NaOH-Konzentration

Tabelle 2 zeigt die Änderung des prozentualen Anteils der CS_2-Abspaltung an der Gesamtzersetzung mit steigender NaOH-Konzentration, erhalten mit zwei verschiedenen ,,Abfangmethoden", wobei die Bindung des CS_2 an Sulfid einen Mittelwert für das ,,Gesamt-Xanthat", ein Abfangen mit Äthanol dagegen Einzelwerte für $C_{2,3}$ und C_6-Xanthat liefert.

Trotz einer erheblichen methodisch bedingten Unsicherheit bei den einzelnen Meßwerten läßt sich ein etwas steilerer Abfall des Anteils der CS_2-Abspaltung mit der NaOH-Konzentration beim C_6-Xanthat im Vergleich zum $C_{2,3}$-Xanthat erkennen. In 10 m NaOH spielt wie bei anderen von uns untersuchten Xanthogenaten [1] die CS_2-Abspaltung für den Gesamtzerfall praktisch keine Rolle mehr.

Der Verlauf der Einzel-RGK-Werte für die Gesamtzersetzung von $C_{2,3}$- und C_6-Xanthat (Bild 2) stimmt sinngemäß mit den Ergebnissen von *Samuelson* [12] überein. Für beide Spezies des Cellulosexanthats läßt sich zunächst ein steiler Abfall der Gesamt-RGK beobachten, wobei sich für C_6-Xanthat an ein bei 2 bis 3 m NaOH liegendes Minimum ein verhältnismäßig steiler Wiederanstieg anschließt, während bei der Zersetzung des $C_{2,3}$-Xanthats bis zu 10 m NaOH noch kein gesicherter Wiederanstieg zu beobachten ist. Die gegenüber den Ergebnissen von *Samuelson* aufgetretenen Abweichungen einschließlich der Verschiebung des Schnittpunktes der beiden Kurven zu einer NaOH-Konzentration von $\approx$7,5 m gegenüber 6,2 m bei *Samuelson* sind möglicherweise auf die veränderte Reaktionstemperatur (50 °C statt 20 °C) zurückzuführen. Analysiert man die mittels der ,,Äthanolabfangmethode" erhaltenen Kurven (Bild 2) im einzelnen, so zeigt sich kein prinzipiell unterschiedlicher Verlauf der CS_2-Abspaltung für $C_{2,3}$- und C_6-Xanthat. In beiden Fällen nehmen die Geschwindigkeitskonstanten mit steigender

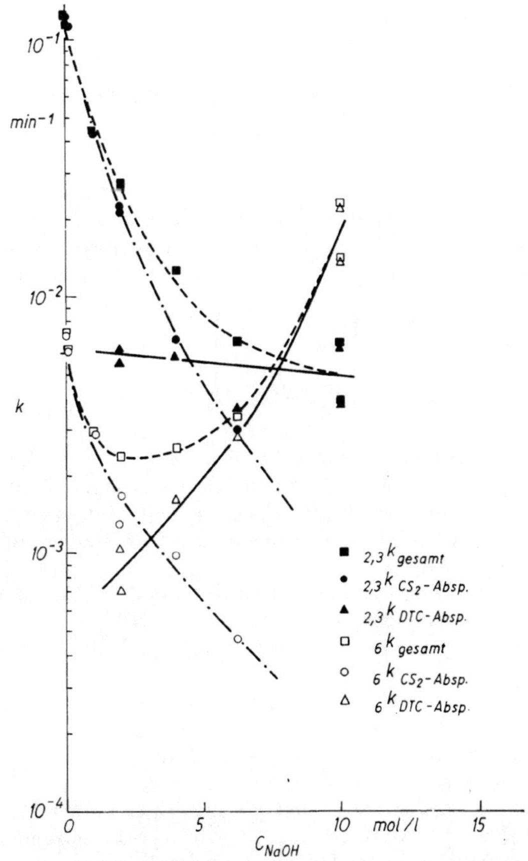

Bild 2. Einzel-RGK-Werte der Gesamtzersetzung bzw. der CS_2-Abspaltung und der Dithiocarbonatabspaltung für Cellulose-$C_{2,3}$- und C_6-Xanthogenat bei 50 °C in Abhängigkeit von der NaOH-Konzentration

NaOH-Konzentration stark ab, ohne daß sich der Quotient beider RGK-Werte allzu stark ändert. In 0,1 m NaOH wird aus $C_{2,3}$-Xanthat der CS_2 etwa 15mal schneller, in 10 m NaOH wahrscheinlich immer noch dreimal schneller abgespalten als aus C_6-Xanthat. Der RGK-Verlauf für die direkte Umsetzung mit OH'-Ionen (im folgenden vereinfacht als ,,Dithiocarbonatabspaltung" bezeichnet) ist hingegen für beide Xanthatspezies recht unterschiedlich. Während für C_6-Xanthat die RGK der Dithiocarbonatabspaltung mit [OH'] ähnlich steil ansteigt wie beim Methylxanthogenat, beobachtet man für $C_{2,3}$-Xanthat einen wesentlich flacheren Anstieg. Aus diesem Grunde ist auch die ,,Gesamtzersetzungs-RGK" des $C_{2,3}$-Xanthats in 10 m NaOH niedriger als in 0,1 m NaOH, denn die Erniedrigung in der RGK der CS_2-Abspaltung wird hier im Gegensatz zum C_6-Xanthat nicht durch einen entsprechenden Anstieg der RGK der Dithiocarbonatabspaltung überkompensiert. Infolgedessen liegt die Gesamtzersetzungs-RGK in 10 m NaOH für C_6-Xanthat etwa doppelt so hoch wie für $C_{2,3}$-Xanthat. Dieses unterschiedliche Verhalten des $C_{2,3}$- und C_6-Xanthats läßt sich vorerst nicht sicher erklären, offenbar hängt es aber mit der vicinalen Stellung der beiden sekundären OH-Gruppen im Glukosebaustein der Cellulose zusammen. Man könnte vielleicht vermuten, daß bei hoher

[OH′] neben der irreversiblen Reaktion

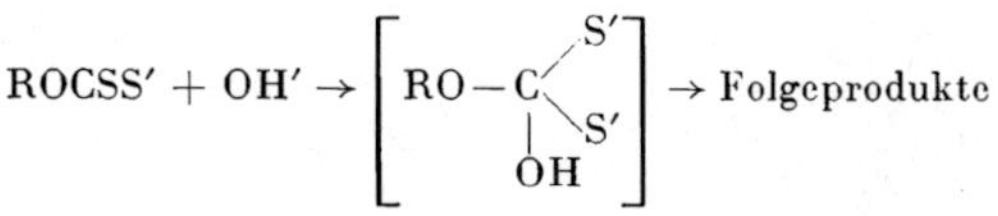

auch eine — allerdings mit unserer Methodik nicht nachweisbare — reversible Umsetzung zwischen Xanthogenat und einem benachbarten Alkoxyanion nach dem Schema

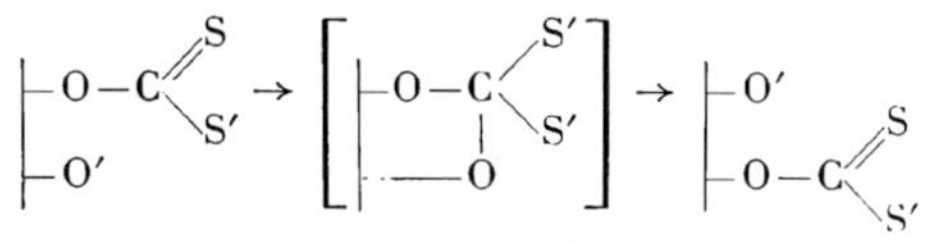

stattfinden kann. Diese nicht über freien CS_2 als Zwischenprodukt führende „Umxanthogenierung" könnte dann zu einer gewissen Stabilisierung der Xanthogenatgruppe gegenüber einer irreversiblen Umsetzung mit OH′-Ionen führen.

Die charakteristischen Unterschiede in der Abhängigkeit der Gesamtzersetzungs-RGK von [OH′] zwischen Cellulose-$C_{2,3}$- und -C_6-Xanthat (Durchlaufen eines Minimums) einerseits, stabilen Xanthogenaten niedermolekularer Alkohole (annähernde Konstanz der RGK, dann steiler Anstieg bei hoher [OH′]) andererseits sind auf die geringere Tendenz zur CS_2-Abspaltung bei den Xanthogenaten niedermolekularer Alkohole zurückzuführen. Bei letzteren hat die auch hier vorhandene Abnahme der RGK der CS_2-Abspaltung mit steigender Konzentration an OH′-Ionen wesentlich weniger Einfluß auf die Gesamt-RGK, die überwiegend durch die starke Zunahme der RGK der Dithiocarbonatabspaltung bestimmt wird, so daß z. B. für Methylxanthogenat die Gesamtzersetzungs-RGK in 10 m NaOH ca. 200mal größer ist als in 0,1 m NaOH. Bei Cellulosexanthat liegt dagegen die RGK der CS_2-Abspaltung in der gleichen Größenordnung wie die der Dithiocarbonatabspaltung, die sich ihrerseits nur wenig vom entsprechenden Wert für Methylxanthogenat unterscheidet. Infolge der erheblichen Abnahme der RGK der CS_2-Abspaltung mit steigender [OH′] liegt somit in 10 m NaOH die Gesamt-RGK der Zersetzung von C_6-Xanthat nur etwa doppelt so hoch wie in 0,1 m NaOH und beträgt für $C_{2,3}$-Xanthat sogar nur ca. 10% der RGK in 0,1 m NaOH.

4. *Schlußfolgerungen hinsichtlich des technischen Viskoseprozesses*

Bei pH-Werten unterhalb 14 erfolgt die Zersetzung des Cellulosexanthogenats praktisch ausschließlich durch Abspaltung von freiem CS_2. Im Bereich pH $\geq$ 14 lassen sich hinsichtlich des Einflusses der NaOH-Konzentration auf die Umxanthogenierung des Cellulosexanthogenats folgende Schlüsse ziehen: Die Geschwindigkeitskonstanten von CS_2-Abspaltung und Dithiocarbonatabspaltung erreichen im Falle des C_6-Xanthats bei etwa 3 m NaOH und im Falle des $C_{2,3}$-Xanthats bei etwa 4 bis 5 m NaOH gleiche Werte, so daß also von der Seite der Zersetzung her gesehen bei insgesamt verringerter Umxanthogenierung mit steigender Laugenkonzentration das Quasigleichgewicht von De- und Rexanthogenierung etwas zugunsten des $C_{2,3}$-Xanthats verschoben wird, jedoch bei den in Viskosespinnlösungen vorliegenden Laugenkonzentrationen von 1 bis 2 mol NaOH/l die Dithiocarbonatabspaltung als irreversible Xanthogenatzersetzung noch von untergeordneter Bedeutung ist. Ihr Anteil an der Gesamtzersetzung beträgt im ungünstigsten Fall (C_6-Xanthogenat, 2 m NaOH) etwa 30%. Die Gesamtzersetzungs-RGK liegt für Cellulose-$C_{2,3}$-Xanthogenat unter diesen Bedingungen etwa 10- bis 15mal höher als für C_6-Xanthogenat. Bei der technisch üblichen NaOH-Konzentration von 4 bis 5 mol/l im Faserxanthat erfolgt die irreversible Zersetzung des C_6-Xanthats zwei- bis dreimal so rasch wie die CS_2-Abspaltung, während beim $C_{2,3}$-Xanthat irreversible Zersetzung und CS_2-Abspaltung etwa mit gleicher Geschwindigkeit ablaufen und die Gesamtzersetzungs-RGK nur noch etwa dreimal so hoch liegt wie die des C_6-Xanthogenats. Sehr hohe Laugenkonzentrationen schließen eine Umxanthogenierung über freien CS_2 fast völlig aus, begünstigen aber möglicherweise einen „Xanthatgruppenaustausch" mit einer benachbarten anionisierten Hydroxylgruppe. Die Zersetzung von C_6-Xanthogenat verläuft hier deutlich schneller als die von $C_{2,3}$-Xanthogenat.

Literatur

[1] *Dautzenberg, H.*, und *Philipp, B.*: Untersuchungen zu Kinetik und Mechanismus der Zersetzung von Xanthogenaten in wäßrig-alkalischer Lösung. Z. physik. Chemie, Leipzig, im Druck.

[2] *Bär, H. J.*, *Dautzenberg, H.*, und *Philipp, B.*: Zur Kinetik des Äthylxanthogenatzerfalls in wäßriger alkalischer Lösung. Z. physik. Chemie, Leipzig **237** (1968) S. 145—156.

[3] *Dolby, I.*, und *Samuelson, O.*: Ripening of viscose. Part 7. Formation of low molecular weight compounds. Svensk Papperstidn. **69** (1966) 9, S. 305—310.

[4] *Philipp, B.*: Beiträge zur Kinetik der Xanthogenatreaktion der Cellulose. Habilitationsschrift TU Dresden 1956.

[5] *Philipp, B.*, *Dautzenberg, H.*, und *Schmiga, W.*: Zur Kinetik der Xanthogenatbildung und -zersetzung bei einigen niedermolekularen Alkoholen und einfachen Zuckern. Teil I: Versuchsmethodik sowie Ergebnisse zur Xanthogenierung. Faserforsch. u. Textiltechnik **20** (1969) 3, S. 111—117.

[6] *Samuelson, O.*, und *Gärtner, F.*: Utilization of ion exchangers in analytical chemistry. Acta chem. Scand. **5** (1951) S. 596—602.

[7] *Fock, W.*: Bestimmung von Xanthogenatschwefel in der Viskose. Svensk Papperstidn. **60** (1957) S. 911—912.

[8] *Dux, J. P.*, und *Phifer, L. H.*: Determination of xanthate sulfur in viscose. Analyt. Chemie **29** (1957) S. 1842 bis 1845.

[9] *Hovenkamp, S. G.*: Sodium dithiocarbonate as a byproduct in xanthating reactions. A contribution to the chemistry of viscose. J. Polymer Sci., C: Polymer Symposia **2** (1963) S. 341—355.

[10] *Hovenkamp, S. G.*: Reaktionen im System Schwefelkohlenstoff-Natronlauge. Dissertation Delft 1965.

[11] *Dautzenberg, H.*, und *Philipp, B.*: Zur Kinetik der Additionsreaktion zwischen CS_2 und verschiedenen Anionen unter besonderer Berücksichtigung ihrer Abhängigkeit von der Hydroxylionenkonzentration. Faserforsch. u. Textiltechnik **20** (1969) 5, S. 213—218.

[12] *Dolby, I.*, und *Samuelson, O.*: Ripening of viscose. 6. Influence of hydroxide concentration upon the decomposition of cellulose xanthate. Svensk Papperstidn. **68** (1965) S. 136—140.

Eingegangen am 29. Dezember 1969

Faserforschung und Textiltechnik 21 (1970) Heft 5

Gaschromatographische Bestimmung des Diäthylenglykolgehaltes in Polyäthylenterephthalat

Hans-Dieter Dinse und Eberhard Tuček

VEB Chemiefaserkombinat Schwarza „Wilhelm Pieck", Chemiefaserwerk Wilhelm-Pieck-Stadt Guben, Abt. Forschungslabor (Abt.-Ltr. Dr. K.-D. Ahlers)

DK 678.674'524'420:547.422.5:[542.951.9:546.171.5]:543.544.25

Die Arbeit befaßt sich mit der gaschromatographischen Bestimmung von Diäthylenglykol in Polyäthylenterephthalat. Als wesentliche Verbesserung gegenüber bisher bekannten Methoden wird die Hydrazinolyse als Aufschlußverfahren für die PÄT-Probe benutzt. Es werden zwei Arbeitsweisen als mögliche Varianten für den Aufschluß beschrieben. Des weiteren wird die Auswertemethodik der erhaltenen Chromatogramme diskutiert.

Определение содержания диэтиленгликоля в ПЭТ методом газовой хроматографии

Для определения содержания диэтиленгликоля в ПЭТ при применении газовой хроматографии разработан усовершенствованный метод разложения ПЭТ путем гидразинолиза. Описаны два возможных варианта метода разложения. Кроме того, рассмотрены вопросы, связанные с методикой количественной обработки хроматограмм.

Gas Chromatographic Determination of the Diethylene Glycol Content in Polyethylene Terephthalate

To improve gas chromatographic techniques applied so far in the determination of diethylene glycol in polyethylene terephthale hydrazinolysis has been used for dissolving the sample. Methods of evaluating the chromatograms obtained are discussed.

1. *Einführung*

Bei der Herstellung von Polyäthylenterephthalat aus den Rohstoffen Äthylenglykol und Dimethylterephthalat bzw. Terephthalsäure wird als Verunreinigung vorhandenes oder während der Polykondensation entstehendes Diäthylenglykol in die Polymerketten eingebaut. Diese Copolymerisate haben eine Erniedrigung des Polymerschmelzpunktes und eine Herabsetzung des Kristallinitätsgrades zur Folge und verursachen nach Spinnen des Polymeren eine unerwünschte Verschlechterung der Fasereigenschaften. Aus der Literatur geht hervor, daß ein erhöhter Gehalt an Diäthylenglykol einen Verlust an Licht- und Thermostabilität und hydrolytischer Beständigkeit hervorruft und die wash-and-wear-Eigenschaften sowie das Färbeverhalten der Fasern negativ beeinflußt [1, 2]. Aus diesen Gründen besitzt die Bestimmung des Diäthylenglykolgehaltes im Rohstoff Polyäthylenterephthalat für den Hersteller von Polyesterfasern erhebliches Interesse.

In den letzten Jahren haben sich verschiedene Autoren mit dieser Problematik befaßt und unterschiedliche Methoden zur analytischen Bestimmung von Diäthylenglykol vorgeschlagen. Neben chemischen Verfahren, die zumeist auf der Selektivität der *Malaprade*-Reaktion (Spaltung von Glykolen durch Perjodsäure) beruhen [1, 2], beschreiben die jüngsten Veröffentlichungen hauptsächlich die Bestimmung des Diäthylenglykols durch Gaschromatographie [3, 4, 5]. Die vorliegende Arbeit soll ein methodischer Beitrag zur Verbesserung dieser Arbeitsweise sein.

2. *Problemstellung*

Ein gemeinsames Merkmal der bisher beschriebenen gaschromatographischen Methoden ist der notwendige Aufschluß der Polyesterprobe. Wie aus der Tabelle 1 hervorgeht, werden unterschiedliche Bedingungen für den Abbau des Polymeren angewandt.

Prinzipiell läßt sich Polyäthylenterephthalat (PÄT) durch Hydrolyse, Alkoholyse oder Verseifung vollständig spalten. Allerdings sind diese Reaktionen mit einem erheblichen Zeitaufwand verbunden, der auch bei Anwendung von Druck immer noch in der Größenordnung von einigen Stunden liegt. Dadurch entsteht bei Anwendung dieser Methoden eine unvertretbare Diskrepanz zwischen der Probenvorbereitung und der eigentlichen Analysendauer. Die Zeit für die Probenvorbereitung läßt sich verkürzen, wenn nur ein partieller Abbau des Polymeren durchgeführt wird und das Molverhältnis DÄG:ÄG bestimmt wird [4]. Da in der Probenlösung dann jedoch nur ein Teil des in der Probe ursprünglich vorhandenen DÄG vorliegt, muß ein Gaschromatograph mit hoher Nachweisempfindlichkeit (FID) zur Analyse eingesetzt werden. Bei dem uns zur Verfügung stehenden Gaschromatographen lag der DÄG-Gehalt partiell verseifter Proben unter der Nachweisgrenze. Aus diesem Grunde stellten wir uns das Ziel, ein Aufschlußverfahren zu entwickeln, das bei kleiner Probeneinwaage in kurzer Zeit einen vollständigen Aufschluß von Polyäthylenterephthalat gewährleistet und die Bestimmung des freigesetzten Diäthylenglykols durch einen Gaschromatographen mit WLD ermöglicht.

Tabelle 1. Gaschromatographische Methoden zur Bestimmung des DÄG-Gehaltes in Polyäthylenterephthalat)*

Aufschlußverfahren	Detektor	Auswerteverfahren	Mindestzeitbedarf für Einzelanalyse	Autoren
Druckmethanolyse, 200 °C, 8 h	WLD	TÄGDMÄ als innerer Standard	ca. 9 h	*Yoda* [3]
partielle Verseifung mit methanolischer NaOH, Rückflußtemperatur, 0,5 h	FID	Eichkurve aus ÄG und DÄG	1,5 h	*Gaskill, Chasar* und *Lucchesi* [4]
Druckhydrolyse, 230 °C, 4 h	WLD FID	Benzylalkohol als innerer Standard	5 h	*Ponder* [5]

*) Die Abkürzungen bedeuten:
WLD Wärmeleitfähigkeitsdetektor
FID Flammenionisationsdetektor
ÄG Äthylenglykol
DÄG Diäthylenglykol
TÄGDMÄ Tetraäthylenglykoldimethyläther

3. *Aufschluß von PÄT durch Hydrazinolyse*

3.1. *Literaturbekannte Ergebnisse*

Die in der Literatur beschriebenen Aufschlußverfahren für PÄT-Verseifung, Hydrolyse und Alkoholyse wurden von vornherein nicht berücksichtigt, da es uns nicht aussichtsreich erschien, die Aufschlußzeiten für PÄT durch Veränderung der Reaktionsbedingungen der genannten Verfahren wesentlich zu verkürzen. In einigen Veröffentlichungen, die sich mit der Hydrazinolyse von Polyestermaterialien beschäftigen, sahen wir einen Ansatzpunkt zur Verwirklichung unserer Zielstellung. *Atkinson* und *Speakman* [6] beschreiben die große Empfindlichkeit von TERYLENE gegenüber Hydrazin bzw. seinen butanolischen Lösungen. *Filson* und *Speakman* [7] setzten diese Untersuchungen mit Mischungen von Hydrazin mit anderen ein- und mehrwertigen Alkoholen fort. *Funke* u. Mitarb. [8] untersuchten den Abbau gehärteter Polyesterharze durch Hydrazinolyse. *Zahn* und *Pfeifer* [9] beschreiben den Abbau von Polyesterfasern mit 40%igem bzw. 80%igem Hydrazinhydrat und identifizieren das entstehende feste Abbauprodukt als Terephthalsäuredihydrazid. *Pfeifer* [10] beschreibt im Rahmen einer Arbeit über die Schädigung von Polyesterfasern durch verschiedene chemische Agenzien die Hydrazinolyse von DIOLEN-Fasern bei unterschiedlichen Hydrazinkonzentrationen und Reaktionstemperaturen. Schließlich existiert in der Literatur eine zusammenfassende Arbeit von *Buxbaum* [11] über den Abbau von PÄT, in der ein kurzer Abschnitt der Aminolyse gewidmet ist.

In allen genannten Arbeiten wird die große Geschwindigkeit des Abbaus von Polyestermaterialien durch Hydrazin hervorgehoben. Die Ziele der genannten Autoren liegen jedoch in völlig anderen Richtungen. Wir mußten daher noch eigene Arbeiten zum hydrazinolytischen Abbau von PÄT durchführen, um die günstigsten Reaktionsbedingungen für unsere Zielsetzung zu ermitteln.

3.2. *Untersuchungen zur Ermittlung optimaler Reaktionsbedingungen*

Zur Erarbeitung der günstigsten Bedingungen für den Aufschluß von Polyestermaterialien durch Hydrazin wurde die Abhängigkeit der Abbaugeschwindigkeit von der Reaktionstemperatur, der Hydrazinkonzentration und dem Zerkleinerungsgrad untersucht. In den Tabellen 2 und 3 wird ein Überblick über die erhaltenen Ergebnisse gegeben.

Die eingesetzte Hydrazinmenge wurde stets so gewählt, daß das PÄT-Material im Kolben vom Hydrazin bedeckt war. Der Verlauf der Reaktion läßt sich visuell verfolgen. Besonders gut kann der Abbau bei Glanzschnitzeln beobachtet werden. Die Schnitzel werden zunächst matt und undurchsichtig und beginnen mit dem Fortschreiten der Reaktion unter Bildung eines leicht gelben mikrokristallinen Feststoffs zu zerfallen. Der Umsetzungsgrad wurde folgendermaßen ermittelt:

Tabelle 2. Einfluß der Hydrazinkonzentration und der Reaktionstemperatur auf den Abbau von PÄT

Hydrazinkonzentration / Temperatur in °C	25%		50%		85%	
	25	115	25	115	25	115
Polyesterseide	>48 h	2…3 h	2…3 h	5 min	30 min	1…2 min
zerkl. Granulat Korngröße 0,3–0,8 mm	>48 h	4…5 h	3…5 h	1…2 h	1…2 h	0,5 bis 1 h
unzerkleinertes Granulat	>48 h	>10 h	>10 h	~8 h	~10 h	10 h

Tabelle 3. Einfluß der Reaktionszeit auf den Abbau von PÄT-Granulat)*

Zeit	Einwaage Granulat g	Rückwaage unzers. Granulatanteile g	Abbau %
2 h	5,0039	0,1865	96,27
5 h	5,0039	0,0461	99,08
10 h	5,0017	0,0000	100,00

*) Das eingesetzte Granulat besaß eine durchschnittliche Abmessung von 6 × 4 × 2 mm. Die Reaktion wurde bei 115 °C mit 85%igem Hydrazinhydrat durchgeführt.

Das Reaktionsgemisch wurde filtriert und der feste Rückstand nach Waschen mit Wasser und Trocknen fein gemörsert und ausgesiebt. Das unumgesetzte Polyestermaterial bleibt unter diesen Bedingungen als Rückstand im Sieb und kann ausgewogen werden.

Aus den Tabellen ist zu erkennen, daß die Hydrazinolyse von Polyestermaterialien am schnellsten mit 85%igem Hydrazinhydrat bei 115 °C erfolgt. Der Zeitbedarf ist unter diesen Bedingungen nur noch vom Zerkleinerungsgrad des Materials abhängig. Während unzerkleinertes Granulat erst nach 10 h vollständig durchreagiert hat, ist der Aufschluß von Pulvern mit einer Korngröße zwischen 0,3 und 0,8 mm nach maximal 1 h beendet. Polyesterseiden sind bereits nach 1 bis 2 min völlig zerfallen. Ein Einfluß verschiedener Provenienzen auf die Abbauzeit konnte bei Einhaltung gleicher Bedingungen nicht festgestellt werden.

3.3. *Reaktionsprodukte der Hydrazinolyse*

Die Spaltung der Polyesterketten erfolgt an den Carbonylgruppen der Estergruppierungen. Als Reaktionsprodukte der Hydrazinolyse sind demzufolge Äthylenglykol, Diäthylenglykol und Terephthalsäuredihydrazid zu erwarten. Das Reaktionsprodukt Terephthalsäuredihydrazid hatten wir schon zu Beginn unserer Arbeiten durch Umsetzung mit Natriumnitrit und *Curtius*schen Abbau des erhaltenen Diazids zu p-Phenylendiamin als solches identifiziert. Schmelzpunkt, Löslichkeit und Kristallform stimmen mit den bereits von *Pfeifer* [10] für das DIOLEN-Abbauprodukt gemachten Angaben überein. Da eine Reaktion terminaler Carboxylgruppen mit Hydrazin unter den angewandten Bedingungen nicht wahrscheinlich ist, kann auch mit der Bildung von Terephthalsäuremonohydrazid gerechnet werden. Allerdings besitzt dieses Reaktionsprodukt nur theoretisches Interesse, da es entsprechend dem geringen Gehalt an Carboxylgruppen nur in Mikrogramm-Mengen entstehen kann.

3.4. *Arbeitsweisen zum Aufschluß der PÄT-Proben für die gaschromatographische Analyse*

Verfahren A:

5 g zerkleinertes Polyestergranulat (Korngröße 0,8 mm) werden analytisch genau in einen 25 ml Birnenkolben eingewogen und mit 10 ml 85%igem Hydrazinhydrat versetzt.

Der Kolben wird mit einem Rückflußkühler versehen und 2 h auf einem Ölbad auf 110 bis 120 °C erhitzt. Nach dem Abkühlen wird der Rückflußkühler mit 5 ml dest. Wasser so ausgespült, daß das Spülwasser in den Aufschlußkolben fließt. Danach wird der Kolbeninhalt über eine G-3-Stielfritte in einen vorher gewogenen 25 ml Maßkolben filtriert. Der Kolben wird mit 5 ml dest. Wasser ausgespült und das Wasser zum Waschen des auf der Fritte befindlichen Terephthalsäuredihydrazids verwendet. Der gefüllte Maßkolben wird dann gewogen, da die Masse des Kolbeninhalts zur quantitativen Auswertung der gaschromatographischen Analyse erforderlich ist.

Verfahren B:

0,5 g zerkleinertes Polyestergranulat werden analytisch genau in ein 5 ml Rundkölbchen eingewogen und die dreifache Masse des zu erwartenden DÄG-Gehaltes an innerem Standard (TÄGDMÄ oder Benzylalkohol) zugewogen. Anschließend fügt man 1 ml 85%iges Hydrazinhydrat hinzu und erhitzt das Gemisch 2 h unter Rückfluß auf einem Ölbad auf 110 bis 120 °C. Das Aufschlußgemisch wird mittels einer G-4-Mikrofritte in ein 5 ml Erlenmeyerkölbchen mit seitlichem Saugstutzen filtriert. Die so erhaltene Lösung kann direkt zur gaschromatographischen Analyse eingesetzt werden.

4. *Gaschromatographische Bestimmung des Diäthylenglykolgehaltes von PÄT-Hydrazinolysaten*

4.1. *Arbeitsbedingungen*

Die gaschromatographischen Bestimmungen wurden mit einem Gaschromatographen GCHF 18.2 der Firma Willy Giede, Berlin, vorgenommen. Der Gaschromatograph ist mit einem Wärmeleitfähigkeitsdetektor ausgerüstet.

Für die DÄG-Analysen wurden folgende Bedingungen gewählt:

Trägergas	: Wasserstoff,
Strömungsgeschwindigkeit	: 7,2 l/h,
Säulentemperatur	: 170 °C,
Brückenstrom	: 240 mA,
Empfindlichkeit	: x 1,
Papiervorschub	: 600 mm/h,
Probemenge	: 30 µl,
Trennsäule	: 1 m Stahlsäule mit 6 mm Säulendurchmesser,
Trennsäulenfüllung	: 10% Carbowax 20 M auf Chromosorb W oder 5% Emulphor 0 auf Heydeflon.

4.2. *Arbeitsweisen*

Aus der nach Verfahren A erhaltenen Aufschlußlösung wird 1 g analytisch genau in ein Wägegläschen eingewogen und ca. 5 mg einer Standardsubstanz zugewogen. Als Standardsubstanzen wurden sowohl Tetraäthylenglykoldimethyläther als auch Benzylalkohol verwendet. Von 30 µl des Gemisches wird ein Chromatogramm unter den oben genannten Bedingungen aufgenommen.

Wenn nach Aufschlußverfahren B gearbeitet wird, dosiert man 30 µl des filtrierten Gemisches, das den inneren Standard schon enthält, in den Gaschromatographen.

4.3. *Auswertung der Gaschromatogramme und Berechnung der Analysenergebnisse*

Bei der Auswertung der Gaschromatogramme wurde von uns die Näherungsmethode Höhe × Gesamtretentionszeit angewandt. Vergleiche zwischen den verschiedenen üblichen Auswerteverfahren, wie z. B. der Peakhöhenmethode, der Peakflächenmethode und der Methode Höhe × Gesamtretentionszeit bei einer Anzahl gleicher Chromatogramme zeigte, daß die zuletzt genannte Methode für die DÄG-Bestimmung unter den von uns gewählten Bedingungen die geringste Fehlerbreite aufweist.

Die Berechnung des Diäthylenglykolgehaltes von PÄT wird nach folgenden Gleichungen vorgenommen:

Verfahren A:

$$\text{Masse\% DÄG} = \frac{h \cdot tdr_{\text{DÄG}}}{h \cdot tdr_{\text{St}}} \cdot \frac{G_{\text{St}}}{G_A + G_{\text{St}}} \cdot f_i \cdot \frac{M_A}{E_{\text{PÄT}}} \cdot 100; \quad (1)$$

h	=	Peakhöhe,
$tdr_{\text{DÄG}}$	=	Gesamtretentionszeit des DÄG-Peaks,
tdr_{St}	=	Gesamtretentionszeit des Standard-Peaks,
G_{St}	=	Einwaage an Standard,
G_A	=	Einwaage an Analysenlösung,
f_i	=	stoffspezifischer Korrekturfaktor,
M_A	=	Masse der Analysenlösung im Maßkolben,
$E_{\text{PÄT}}$	=	Einwaage an PÄT.

Verfahren B:

$$\text{Masse\% DÄG} = \frac{h \cdot tdr_{\text{DÄG}}}{h \cdot tdr_{\text{St}}} \cdot \frac{G_{\text{St}}}{E_{\text{PÄT}} + G_{\text{St}}} \cdot f_i \cdot 100 \quad (2)$$

Zur Ermittlung des stoffspezifischen Korrekturfaktors f_i wird von 1 µl eines in seiner Zusammensetzung bekannten Gemisches aus Äthylenglykol, Diäthylenglykol und Standardsubstanz ein Chromatogramm aufgenommen. Mit den aus dem Chromatogramm erhältlichen Daten errechnet sich der Korrekturfaktor nach folgender Gleichung:

$$f_i = \frac{G_{\text{DÄG}} \cdot h \cdot tdr_{\text{St}}}{G_{\text{St}} \cdot h \cdot tdr_{\text{DÄG}}}; \quad (3)$$

$G_{\text{DÄG}}$	=	Masse DÄG im Gemisch (in g),
G_{St}	=	Masse Standardsubstanz im Gemisch in g.

5. *Fehlerbetrachtung und methodische Überprüfung des Verfahrens*

Zur Ermittlung der Fehlerbreite der Verfahren A und B wurde an einer unmattierten Polyestergranulatprobe eine Fehlerbetrachtung durchgeführt. Es wurden jeweils zehn Einzelwerte unter Anwendung der Methoden A und B ermittelt, wobei sowohl TÄGDMÄ als auch Benzylalkohol als innerer Standard eingesetzt wurden. Die Ergebnisse der Fehlerbetrachtung sind in den Tabellen 4 und 5 zusammengefaßt.

Tabelle 4. Fehlerbetrachtung zur GC-Analyse von DÄG in PÄT (Methode A)

Proben-Nr.	DÄG (Standard Benzylalkohol) %	DÄG (Standard TÄGDMÄ) %
1	1,20	1,15
2	1,02	1,38
3	1,02	1,23
4	1,40	1,24
5	1,32	1,27
6	1,64	1,28
7	1,22	1,27
8	1,22	1,27
9	1,32	1,27
10	1,13	1,13
$\bar{x}$	1,25	1,25
s	± 0,18	±0,07
v in %	14,83	5,63
q	± 0,13	±0,05
p in %	10,60	4,02

Tabelle 5. Fehlerbetrachtung zur GC-Analyse von DÄG in PÄT (Methode B)

Proben-Nr.	DÄG (Standard Benzylalkohol) %	DÄG (Standard TÄGDMÄ) %
1	1,05	1,20
2	1,09	1,02
3	1,46	1,20
4	1,60	1,26
5	1,40	1,29
6	1,45	1,54
7	1,41	1,35
8	1,39	1,39
9	1,66	1,54
10	1,48	1,19
$\bar{x}$	1,40	1,30
s	± 0,19	± 0,16
v in %	13,60	12,30
q	± 0,14	± 0,11
p in %	9,70	8,80

Zur methodischen Überprüfung der gaschromatographischen Bestimmung des DÄG-Gehaltes im Polyäthylenterephthalat nach Aufschluß durch Hydrazinolyse wurden PÄT-Proben mit bekanntem DÄG-Gehalt unterschiedliche Mengen an Diäthylenglykol zugewogen und die Proben dann nach Verfahren B analysiert. Als innerer Standard diente TÄGDMÄ.

Das Ergebnis der gaschromatographischen Analysen zeigt Tabelle 6.

Aus den erhaltenen Ergebnissen ist ersichtlich, daß bei der Hydrazinolyse von PÄT-Proben keine methodischen Fehler auftreten, die das Endergebnis in einer bestimmten Weise beeinflussen. Die gefundenen Werte liegen durchaus im üblichen Fehlerbereich von gaschromatographischen Analysen. Bei mehreren Versuchsreihen konnte weiterhin festgestellt werden, daß die Standardsubstanzen während der Hydrazinolyse unter den von uns angewandten Bedingungen keine Veränderungen erfahren.

6. Zusammenfassung

Die vorliegende Arbeit wurde mit der Zielstellung begonnen, eine schnelle Aufschlußmethode für PÄT zu finden, die eine anschließende gaschromatographische Diäthylenglykolbestimmung gestattet. Ausgehend von einigen aus der Literatur bekannten Arbeiten über den Abbau von PÄT durch Hydrazinolyse konnte ein im Vergleich zu den bisher bekannten Methoden der Alkoholyse, Druckhydrolyse und Verseifung schnelleres bzw. apparativ einfacheres Aufschlußverfahren erarbeitet werden. Durch einfaches Erwärmen von zerkleinertem PÄT-Granulat unter Rückfluß mit 85%igem Hydrazinhydrat tritt nach maximal 1 h ein quantitativer Abbau des PÄT-Materials ein. Die so erhaltenen Aufschlußlösungen können entweder nach Aufbereitung oder direkt einer gaschromatographischen Analyse unterzogen werden. Die Methode wurde hinsichtlich ihrer Fehlerbreite und ihrer möglichen methodischen Fehlerquellen überprüft.

Tabelle 6. Methodische Überprüfung der GC-Analyse von DÄG nach Hydrazinolyse

Proben-Nr.	Einwaage PÄT-Granulat g	Einwaage DÄG g	theoret. Gesamtmenge DÄG g	gef. DÄG g	gef. DÄG in % der theoret. Gesamtmenge
1	2,5065	0,0309	0,0627	0,0633	101,0
2	2,5045	0,0604	0,0922	0,0951	103,1
3	2,5003	0,0920	0,1238	0,1295	104,6
4	2,5036	0,0950	0,1258	0,1318	104,8
5	2,5043	0,0304	0,0622	0,0624	100,3
6	2,5024	0,0000	0,0318	0,0302	95,0

Für die Durchführung zahlreicher gaschromatographischer Analysen möchten wir an dieser Stelle Frau Chem.-Ing. *Neiß* unseren Dank aussprechen.

Literatur

[1] *Kirby, J. R., Baldwin, A. J.*, und *Heidner, R. H.:* Determination of diethylene glycol in polyethylene terephthalate. Analytic. Chem. **37** (1965) S. 1306 bis 1309.

[2] *Kalal, J.*, und *Hornof, V.:* Über die Bestimmung von Diglykol im Polyäthylenterephthalat. Vortrag auf der Chemiefasertagung in Tabor (ČSSR) vom 21. bis 23. 9. 1966.

[3] *Yoda, K.:* Der Einfluß von Katalysatoren auf die Bildung der Ätherbindung in Polyäthylenterephthalat. Kobunshi Kagaku, Tokyo (Chem. High Polymers) **24** (1967) S. 472—478.

[4] *Gaskill, D. R., Chasar, A. G.*, und *Lucchesi, C. A.:* Determination of glycolic ether linkages in polyethylene terephthalate. Analytic. Chem. **39** (1967) S. 106—108.

[5] *Ponder, L. H.:* Gas chromatographic determination of DEG in polyethylene terephthalate. Analytic. Chem. **40** (1968) S. 229—231.

[6] *Atkinson, J. G.*, und *Speakman, J. B.:* Action of hydrazine on Terylene. Chem. and Ind. **74** (1957) S. 74.

[7] *Filson, A.*, und *Speakman, J. B.:* Reclamation of fibres from rags. III. Action of hydrazine on Terylene. J. Soc. Dyers Colourists **74** (1958) S. 762—765.

[8] *Funke, W., Gebhardt, W., Roth, H.*, und *Hamann, K.:* Untersuchungen über gehärtete Polyesterharze. Makromol. Chemie **28** (1958) S. 17—57.

[9] *Zahn, H.*, und *Pfeifer, H.:* Aminolysis of polyethylene terephthalate. Polymer, London **4** (1963) S. 429—432.

[10] *Pfeifer, H.:* Über den Abbau von Polyesterfasern durch Hydrolyse und Aminolyse. Forschungsberichte des Landes Nordrhein-Westfalen Nr. 1212 (1964).

[11] *Buxbaum, L. H.:* Der Abbau von Polyäthylenterephthalat. Angew. Chemie **80** (1968) S. 225—233.

Eingegangen am 29. Januar 1970

Manometrische Bestimmung von Wasser in Hochpolymeren

Ernst-Otto Schmalz

VEB Chemiefaserkombinat Schwarza „Wilhelm Pieck", Chemiefaserwerk Wilhelm-Pieck-Stadt Guben, Abt. Forschungslabor (Abt.-Ltr. Dr. K.-D. Ahlers)

DK 678.675:678.674'524'420:543.242:546.212

Die manometrische Bestimmung von Wasser in Hochpolymeren wird hinsichtlich der Analysenparameter (Temperatur, Zeit) näher untersucht. Es wird nachgewiesen, daß bei geringen Wassermengen die Analysentemperatur bestimmte Grenzen nicht überschreiten darf. Bestimmungen wurden an Polyamid und Polyäthylenterephthalat bei Feuchtegehalten von ca. 0,007% H_2O vorgenommen.

Манометрическое определение воды в высокополимерах

Манометрический метод определения воды в высокополимерах подробно изучен относительно условий проведения анализа (температура, продолжительность). Показано, что в случае незначительных количеств воды температура анализа должна лежать в определенном интервале. Было определено содержание воды в образцах полиамида и полиэтилентерефталата при приблизительном влагосодержании в них, равном 0,007%.

Water Content of Polymers by Pressure Determination

The effects of temperature and time on determination of the water content in polymers by pressure measurement using a manometer is investigated in detail. At small water content the temperature has to be kept within certain limits. Data obtained with polyamide and polyethylene terephthalate at a water content of about 0.007% are reported.

1. *Einleitung*

Die Einhaltung bestimmter Feuchtegrenzen ist bei verschiedenen Polymeren wie Polycaprolactam (PA) oder Polyäthylenterephthalat (PÄT) für die Weiterverarbeitung von entscheidender Bedeutung. Aus diesem Grunde wurde die Bestimmung von Feuchtespuren in Hochpolymeren bereits des öfteren untersucht. In der letzten Zeit wurde in dieser Hinsicht mehrfach ein manometrisches Verfahren empfohlen, nach dem bereits geringe Wassermengen schnell und exakt bestimmt werden können [1 bis 3]. Die Überprüfung der angegebenen Verfahren ergab jedoch bei uns speziell bei geringen Feuchtegehalten widersprüchliche Ergebnisse. Aus diesem Grund wurde die manometrische Wasserbestimmung einer gründlichen Betrachtung unterzogen.

2. *Apparatur*

Das Prinzip und die Arbeitsweise der für die manometrische Wasserbestimmung erforderlichen Apparatur wurden bereits beschrieben [1, 2]. Das von uns hierfür eingesetzte Gerät ist in Bild 1 wiedergegeben.

Der Apparat unterscheidet sich von dem früher für Gleichgewichtsbestimmungen angegebenen [4] neben dem Fehlen eines Sperrhahnes durch den Einsatz unterschiedlicher Probenröhren (*1* und *2*) und dem nach Bedarf variierenden Volumen des Kolbens *3* im Meßteil. Das Gerät wird geeicht, indem man Wassermengen von 1 bis 5 mg in Kapillaren einschmilzt, nach Einbringen der Kapillaren in die

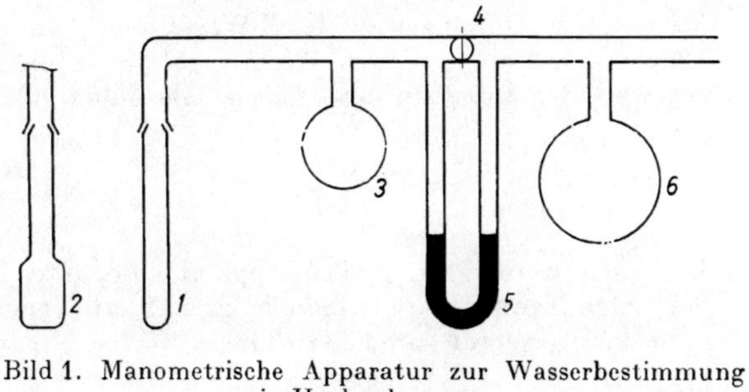

Bild 1. Manometrische Apparatur zur Wasserbestimmung in Hochpolymeren

Probenröhren das Gerät bei geöffnetem Hahn *4* evakuiert und nach Schließen von *4* die Kapillare mit einem Magneten zertrümmert.

Die aus dem Druckanstieg sich ergebende Apparatekonstante Z (mm Ölsäule/mg H_2O) ist unabhängig von der Wassereinwaage, aber merklich abhängig von der Badtemperatur. Die Größe Z kann auch aus den geometrischen Daten des Gerätes direkt berechnet werden [1].

Bei der Eichung mit der Normalröhre *1* wird eine Volumenkorrektur (für die späteren Einwaagen) nicht vorgenommen. Die Eichwerte sind deshalb nur für kleine Einwaagen bei einem relativ hohen Gesamtvolumen (d. h. kleine Z-Werte) gültig. Ein großes Volumen des Kolbens *3* bedingt weiterhin, daß etwa 85% des Meßteils Raumtemperatur, ca. 5% die Badtemperatur und der Rest entsprechend dem Temperaturgradienten an der Proberöhre unterschiedliche Temperaturen aufweisen.

Beim Einsatz der Beutelröhre *2* muß eine Volumenkorrektur (Füllung mit Glasperlen) vorgenommen werden. Diese ist aber nur sinnvoll, wenn auch bei den eigentlichen Bestimmungen stets entsprechende Mengen des zu untersuchenden Materials eingewogen werden. Da in diesem Fall das Gesamtvolumen des Meßteils möglichst klein gehalten werden sollte (d. h. für *3* kleine Kolben), ergeben sich höhere Z-Werte.

Die eigentliche Wasserbestimmung verläuft der Eichung im Prinzip analog. Im Gegensatz zu den Eichungen müssen hierbei jedoch bestimmte Evakuierungsbedingungen eingehalten werden. Zur Untersuchung derselben wurden von uns nachstehende Parameter variiert:

1. Röhrenfüllung (leere Röhre, Röhrenfüllung: PA und PÄT, Feuchtegehalt der Proben von 0,00 bis 0,9% H_2O).
2. Temperatur der Röhre (Raumtemperatur und Kühlbad von $-55\,°C$).
3. Evakuierungszeit (bis zum Schließen von *4*).
4. Nachperiode (bei geschlossenem Hahn *4*).

Hierbei wurden folgende Ergebnisse erzielt:

1. Bei zu kurzen Evakuierungszeiten entstehen Fehler in der Druckmessung. Zu hohe Evakuierungszeiten bewirken dagegen diffusionsbedingte Feuchteverluste. Diese sind an Granulaten gering, können jedoch bei Fäden oder Pulvern zu erheblichen Verfälschungen führen.

2. Substanzen mit geringem Feuchtegehalt nehmen beim Einfüllen aus der Luft zusätzlich Wasser auf (deshalb Auswaage statt Einwaage). Wie an absolut trockenem Granulat aber nachgewiesen werden konnte, wird diese Feuchte beim Evakuieren wieder abgegeben.
3. Für die Evakuierung reicht Zimmertemperatur aus, der diffusionsbedingte Wasserverlust ist gering, heiße Proben dürfen jedoch nicht evakuiert werden.
4. Bei $-55\,°C$ waren praktisch keine Verluste nachweisbar. Pulver und Fäden lassen sich vermutlich nur unter dieser Bedingung untersuchen.

Die später angeführten Ergebnisse beziehen sich zeitlich auf eine Evakuierungszeit von 10 bzw. 12 min bei Raumtemperatur.

Nach der Evakuierung wird der Feuchtegehalt der Proben bei erhöhter Badtemperatur ausgetrieben und der hieraus resultierende Druckanstieg zu gegebener Zeit abgelesen.

Hinsichtlich der Versuchsparameter werden für die manometrischen Bestimmungen in der Literatur folgende Daten genannt:

	Substanz	T in °C	t in min	% H_2O
K. Schneider [1]	PA	195···210	60	
G. Illing u. *D. v. Hobe* [2]	PA	150···200	25	0,1···0,2
K. Dietrich [3]	PA	200	30	0,07···3,0

Die Berechnung der gesuchten Feuchten erfolgte bisher nach Gleichung (9). Die Überprüfung der Gültigkeit des Verfahrens wurde bei relativ hohen Feuchtewerten (siehe letzte Spalte) im Vergleich zu *Karl-Fischer*-Titrationen durchgeführt [2, 3].

Das manometrische Verfahren ist einfach und wenig arbeitsintensiv und sollte sehr exakte Werte liefern. Bei einem Mindestdruck von 3 mm ergibt sich z. B. mit $Z =$ 30 mm Ölsäule/mg H_2O bei einer Auswaage von 10 g eine untere Erfassungsgrenze von 0,001%. Bei den Bestimmungen geringer Feuchtegehalte nach den in der Literatur genannten Bedingungen ergaben sich jedoch Schwierigkeiten, die trotz einer guten Reproduzierbarkeit auf beträchtliche systematische Fehler hinwiesen.

3. *Theoretische Grundlagen*

Bei der manometrischen Wasserbestimmung gilt für den Fall, daß es sich bei dem System H_2O/Hochpolymeres um eine echte Lösung handelt, nachstehende Beziehung [5]:

$$F = F' + F^*; \tag{1}$$

F = Gesamtfeuchte in mg H_2O/100 g Polymeres,
F' = Freie Feuchte (ausgetrieben),
F^* = Gleichgewichtsfeuchte.

Hierbei ist F' zeitabhängig und kann bei Beachtung der Versuchsbedingungen (siehe Punkt 3.4) über die Diffusionsgesetze erfaßt werden [6]:

$$\frac{F_0' - F'}{F_0'} = A \cdot \exp(-a \cdot D \cdot t); \tag{2}$$

F_0' = freie Anfangsfeuchte (im Granulat),
A = formspezifische Konstante,
a = Formfaktor in m^{-2},
D = Diffusionskoeffizient in m^2/h,
t = Zeit in h.

Die Gleichgewichtsgröße F^* gilt dagegen für den Endzustand und kann nach dem *Henry*schen Gesetz berechnet werden [4]:

$$F^* = K \cdot P; \tag{3}$$

K = Gleichgewichtskonstante in $\frac{\text{mg } H_2O}{100 \text{ g Polym.} \times \text{Torr}}$,
P = Druck in Torr.

Unter Beachtung dieser drei Gesetze lassen sich die Vorgänge der manometrischen Wasserbestimmung weitgehend erfassen.

3.1. *Bestimmung des H_2O-Gehaltes*

Für die bei der manometrischen Bestimmung auftretenden Wassermengen gilt in Analogie zu (1):

$$m = m' + m^*; \tag{4}$$

m = Wassermenge in mg.

Hierbei ergibt sich m' direkt aus dem am Differenzmanometer abgelesenen Druck p:

$$m' = \frac{p}{Z}; \tag{5}$$

p = Druck in mm Ölsäule,
Z = Apparatekonstante in mm Ölsäule/ mg H_2O.

Für m^* gilt:

$$m^* = F^* \cdot \frac{E}{100} = \frac{E}{100} \cdot p \cdot K \cdot c; \tag{6}$$

E = Auswaage in g,
c = Umrechnungsfaktor in Torr/mm Ölsäule,
$P = p \cdot c$.

Mit (5) und (6) geht (4) über in:

$$m = p\left(\frac{1}{Z} + \frac{E \cdot K \cdot c}{100}\right). \tag{7}$$

Für den gesuchten Feuchtegehalt ergibt sich schließlich:

$$F = p \cdot \left(\frac{100}{E \cdot Z} + K \cdot c\right). \tag{8}$$

3.2. *Grenzfälle des Verfahrens*

Die Gleichung (8) gilt in der angegebenen Form allgemein. Hinsichtlich des Klammerausdruckes lassen sich jedoch zwei Grenzfälle ableiten.

1. Für geringe Einwaagen, tiefe Z-Werte und hohe Temperaturen (d. h. tiefe K-Werte) geht (8) in die bisher in der Literatur angegebene Gleichung (9) über:

$$F \approx p \cdot \frac{100}{E \cdot Z}. \tag{9}$$

2. Bei hohen Einwaagen, großen Apparatekonstanten und tiefen Temperaturen (d. h. hohe K-Werte) ergibt sich dagegen die Grenzbeziehung:

$$F \approx p \cdot K \cdot c. \tag{10}$$

Tabelle 1. Abhängigkeit der Einwaage vom Feuchtegehalt für Polyamid

$T = 140\,°C$; $K = 1{,}55$ mg H_2O/100 g PA·Torr;
$c = 0{,}0699$; $Z = 30$ mm/mg;
$p = 200$ mm (konst.).

F $\frac{\text{mg } H_2O}{100 \text{ g PA}}$	E g	$\frac{100}{Z \cdot E} + K \cdot c$	$K \cdot c$ %
10000	0,07	50	0,22
1000	0,68	5	2,2
200	3,7	1,0	10,9
100	8,5	0,50	21,7
50	23,6	0,25	43,4
21,7	∞	0,109	100,0

Beide Grenzfälle lassen sich theoretisch begründen. Da der Druck p den Kondensationspunkt des Wassers bei Zimmertemperatur nicht überschreiten darf ($p < 300$ mm Ölsäule) ergeben sich bei hohen Feuchtegehalten kleine Einwaagen. Wegen der oben genannten Gründe sollte in diesem Fall Z relativ klein gehalten werden. Da bei kleinen Einwaagen die Störreaktionen (siehe Punkt 3.3) minimal sind, kann bei hohen F-Werten mit hohen Badtemperaturen gearbeitet werden. Wegen $K = f(T)$ [4] geht unter diesen Bedingungen (8) praktisch in die Grenzbeziehung (9) über.

Bei geringen Feuchtegehalten müssen dagegen zur Erzielung möglichst hoher Druckwerte die Größen E und Z wesentlich erhöht werden. Da bei hohen Einwaagen die temperaturabhängigen Störreaktionen beträchtliche Werte annehmen können, muß in diesen Fällen die Badtemperatur entsprechend abgesenkt werden. Durch den hieraus resultierenden Anstieg der K-Werte kann sich in diesem Fall (8) weitgehend der Grenzbeziehung (10) nähern.

Dieser Sachverhalt ist in dem in Tabelle 1 angegebenen Beispiel zahlenmäßig ausgewiesen. In dieser Tabelle wurde für Polyamid in Abhängigkeit von dem Feuchtegehalt die Einwaage berechnet, die für einen meßbaren Dampfdruck von $p = 200$ mm Ölsäule eingesetzt werden muß.

Die in der letzten Spalte von Tabelle 1 aufgeführte Größe $K \cdot c$ gibt den prozentualen Anteil dieses Produktes am gesamten Wert des Klammerausdruckes in Gleichung (8) an. Bei hohen Feuchtegehalten ist dieser Anteil gering und fällt hier bei steigender Badtemperatur noch weiter ab. Der Anteil von $K \cdot c$ kann dagegen bei geringen Feuchtegehalten sehr hohe Werte annehmen. Wegen der funktionellen Abhängigkeit zwischen K und T ist bei tiefen Temperaturen eine gute Konstanz der Badtemperatur unerläßlich. Der für $F = 23$ mg/100 g auftretende Grenzwert in E sagt weiterhin aus, daß für $F < 23$ prinzipiell (bei PA und 140 °C) ein Dampfdruck von $p = 200$ m Ölsäule auch bei extrem hohen Einwaagen nicht mehr realisiert werden kann.

Der Einfluß von T und der beiden in Bild 1 gezeigten Probenröhren auf die Messungen und Auswertungen ist aus den folgenden experimentellen Daten (Tabelle 2), die an einer PA-Probe erzielt wurden, ersichtlich. Bei den höheren Einwaagen in den Beutelröhren werden höhere Druckwerte gemessen, doch ist der Anstieg der letzteren der Einwaage nicht proportional. Wie die Auswertungen weiterhin zeigen, liefert nur die oben abgeleitete Beziehung (8) übereinstimmende Werte. Untersuchungen an PÄT ergaben im Prinzip ähnliche Ergebnisse.

Tabelle 2. Bestimmte Feuchtegehalte einer PA-Probe in Abhängigkeit von der Auswertung

Röhre	Temperatur °C	E g	p mm Ölsäule	F Gl. (9)	F Gl. (10)	F Gl. (8)
Normal-R.	140	9,48	74,1	22,3	8,0	30,3
Normal-R.	120	8,31	55,4	19,1	11,8	30,9
Beutel-R.	140	51,63	158,0	10,6	17,2	27,8
Beutel-R.	120	57,42	97,8	6,6	20,9	27,5
Beutel-R.	100	57,00	61,7	3,8	27,9	31,7

3.3. Arbeitstemperatur

Wegen der Abhängigkeit der Diffusionskoeffizienten von der Temperatur ergeben sich generell bei hohen Arbeitstemperaturen geringe Analysenzeiten und umgekehrt. Während jedoch bei hohen Feuchtegehalten die ermittelten Ergebnisse praktisch unabhängig von T sind, ergibt sich für tiefe F-Werte eine beträchtliche Abhängigkeit. In Bild 2 sind für eine PÄT-Probe mit niedrigem Feuchtegehalt die ermittelten F-Werte in Abhängigkeit von der Badtemperatur und der Analysendauer angegeben.

Ähnliche Ergebnisse erhielt auch *Dietrich* [3] bei seinen Untersuchungen an PA-Granulaten. Die in Bild 2 gezeigten Kurven widersprechen in zweierlei Hinsicht den theoretischen Erwartungen:

1. sind die Ergebnisse abhängig von T,
2. verschiebt sich der Endwert bei höheren Temperaturen zu höheren Zeiten.

Diese Abweichungen lassen sich nur durch Störreaktionen erklären, die die eigentliche Wasserbestimmung überlagern und die berechneten Ergebnisse entsprechend verfälschen. Da die Stärke dieser Nebenreaktionen masseabhängig ist, können die hierdurch verursachten Fehler besonders bei geringen Feuchtegehalten (d. h. hohen Einwaagen) erhebliche Ausmaße annehmen. Diese Annahme läßt sich am PÄT beweisen, indem man die Störreaktionen unter verschärften Bedingungen (8 h bei 220 °C unter Vakuum) weitgehend ablaufen läßt, das Granulat anschließend wieder mit Wasser belädt und die Bestimmungen an dem so vorbehandelten Granulat wiederholt.

Wie Tabelle 3 zeigt, ergeben sich für nichtvorbehandeltes PÄT-Granulat bei hohen und mittleren Feuchtegehalten praktisch keine, bei tiefen Feuchtewerten

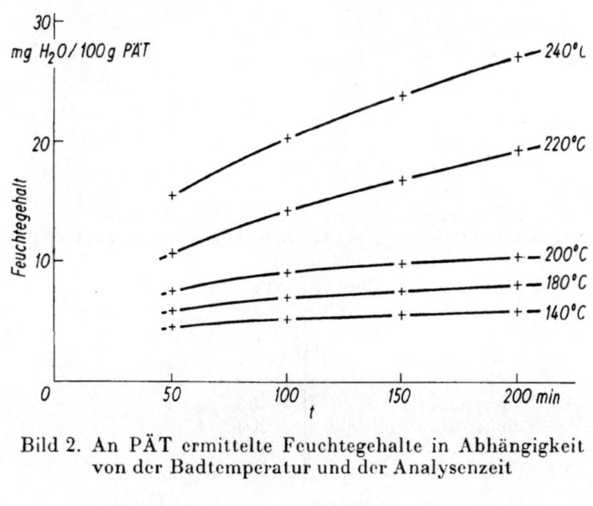

Bild 2. An PÄT ermittelte Feuchtegehalte in Abhängigkeit von der Badtemperatur und der Analysenzeit

Tabelle 3. Bestimmte Feuchtegehalte an nichtvorbehandeltem und vorbehandeltem PÄT-Granulat (2 × 2 × 4 mm) in Abhängigkeit von den Analysenparametern

T	t	Feuchtegehalt in mg H_2O/100 g PÄT					
		nicht vorbehandelt			vorbehandelt		
°C	min	1	2	3	1a	2a	3a
140	200	219	73,3	7,4	201	31,8	8,5
200	90	213	71,4	12,3	208	31,4	8,3
200	200	217	72,4	15,3	209	33,0	9,0
∅ Einwaage in g		2,0	5,4	10	2,3	4,5	11

jedoch erhebliche Abhängigkeiten von den Analysenparametern T und t. Im Gegensatz hierzu sind die Ergebnisse bei vorbehandeltem PÄT in allen Bereichen unabhängig von T und t.

Während die Störungen bei PÄT auf Spaltprodukte zurückgeführt werden müssen, werden die Bestimmungen bei PA durch Nachpolymerisation verfälscht. Dieser durch LV-Messungen nachweisbare Effekt bewirkt bereits in mittleren Feuchtebereichen erhebliche Abweichungen.

T °C	t min	F mg H_2O/100 g PA
140	100	64,5
200	100	95,6

Im Gegensatz zur *Karl-Fischer*-Titration ist die manometrische Wasserbestimmung ein indirektes Verfahren. Störreaktionen sind nicht direkt erkennbar, sie lassen sich jedoch nachweisen, indem man nach Gleichung (2) den theoretischen Verlauf der p/t-Kurven berechnet und diese mit den experimentellen Werten vergleicht. Größere Differenzen zwischen diesen beiden Kurven deuten stets auf anormales Verhalten hin.

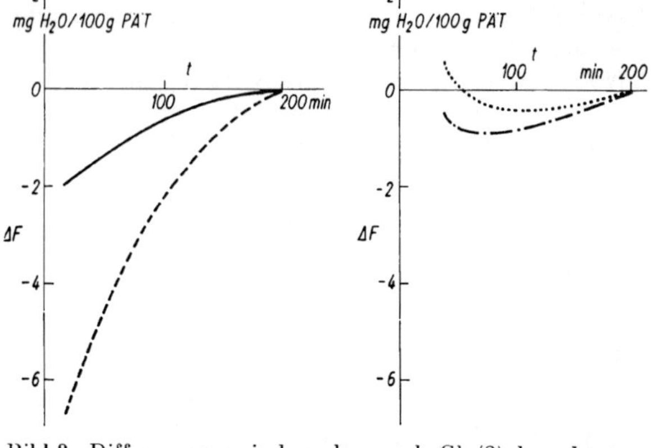

Bild 3. Differenzen zwischen den nach Gl. (2) berechneten und den experimentell ermittelten Feuchtekurven (PÄT, Normalröhre)

Fixpunkt: t = 200 min

	T °C	F für t = 200 min mg H_2O/100 g PÄT
——— vorbehandelt	200	9,0
— — — nicht vorbehandelt	200	15,3
· · · · · · vorbehandelt	140	8,5
— · — nicht vorbehandelt	140	7,4

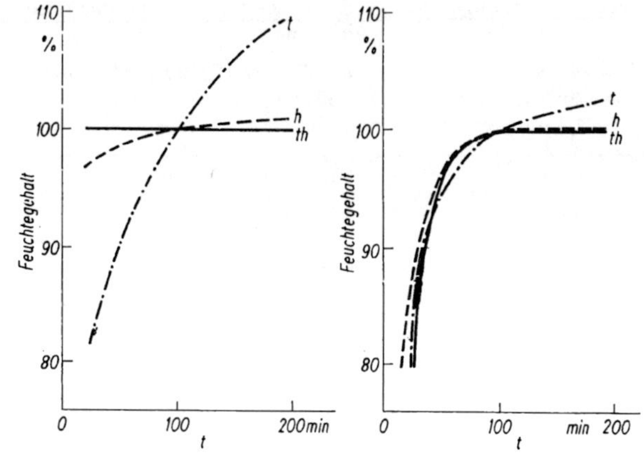

Bild 4. Experimentelle und nach Gl. (2) berechnete Feuchtekurven (PA, Normalröhre)

Fixpunkt: t = 100 min

links: T = 200 °C rechts: T = 140 °C

——— *th* nach Gl. (2) berechnet
— — — *h* hohe Feuchtewerte E = 0,4 g
— · — *t* geringe Feuchtewerte E = 4,7 g

F in mg H_2O/100 g PA für t = 100 min

	200 °C	140 °C
h	821	801
t	95,6	64,5

Wie Bild 3 am PÄT zeigt, weisen bei einem angenommenen Fixpunkt von t = 200 min die ΔF-Werte einen unterschiedlichen Verlauf auf. Während diese Differenzen zu den theoretischen Kurven bei dem entgasten Material die normale Fehlergrenze nicht überschreiten, treten bei dem unbehandelten Granulat beträchtliche Abweichungen auf. Bei einer Arbeitstemperatur von 140 °C sind die auftretenden Abweichungen wesentlich geringer.

Die eben genannten Effekte sind bei PA erheblich stärker ausgeprägt (siehe Bild 4). Während bei hohen Feuchtewerten generell beide Kurven gut übereinstimmen, treten für tiefere Feuchtegehalte bei 200 °C Differenzen auf, die eine Bestimmung bei dieser Temperatur nicht zulassen. Die gleiche Probe zeigt dagegen bei 140 °C einen wesentlich verbesserten Kurvenverlauf.

Die Störreaktionen sind abhängig von der Arbeitstemperatur, dem Feuchtegehalt (Einwaage), sowie der Art der eingesetzten Substanz (PÄT/PA). Im letzteren Fall ist weiterhin zu beachten, daß die verwendeten Stabilisatoren diese Störreaktion ebenfalls beeinflussen können. Die für die manometrische Wasserbestimmung maximal zulässige Temperatur muß demnach anhand der oben genannten Untersuchungen experimentell ermittelt werden. Für die bei uns anfallenden PA- und PÄT-Proben können in der Regel Maximaltemperaturen von 140 °C eingesetzt werden.

3.4. Analysendauer

Die in der Literatur angegebenen Versuchsbedingungen [1, 2, 3] weisen auf relativ hohe Temperaturen und entsprechend kurze Analysenzeiten hin. Wie aber oben erläutert wurde, können diese Versuchsparameter für PA und PÄT bei geringen Feuchtegehalten nicht eingesetzt werden. Die hieraus resultierende Temperaturabsenkung des Verfahrens bewirkt aber wegen der Lösungsenthalpie nicht nur einen Anstieg in K [4],

Tabelle 4. Durch Vergleich berechnete Feuchtegehalte einer PÄT-Probe. F'/F_0 nach Gl. (2) berechnet
$T = 140\,°C$; $E \sim 62$ g (Beutelröhre)

t min	F'/F_0 %	F in mg H_2O/100 g PÄT Vers. 1	Vers. 2	Vers. 3	∅ F
20	44,2	6,1	5,7	5,7	5,9
40	68,8	5,0	4,8	5,0	4,9
60	82,7	4,7	4,6	4,8	4,7
80	90,3	4,7	4,6	4,7	4,7
100	94,5	4,7	4,7	4,9	4,8

sondern wegen der erheblichen Aktivierungsenergien der Diffusion einen entsprechenden Abfall in D [6] und damit eine generelle Verlängerung der Analysenzeiten.

Dies kann im Extremfall dazu führen, daß das Verfahren für Routineuntersuchungen an Interesse verliert. Bei einer zeitlichen Abkürzung des Verfahrens lassen sich jedoch auch bei tieferen Temperaturen Ergebnisse in vertretbaren Zeiten gewinnen. Die Methode, mit der dies geschieht, hängt von der Substanz (d. h. K und D) und der Form (d. h. a) der zu untersuchenden Proben ab.

Wie zahlreiche Vergleichsmessungen ergaben, sind die p/t-Kurven bei konstanten Bedingungen innerhalb geringer Fehlergrenzen identisch. Liegt nun eine derartige Stammkurve vor, dann kann man zu einem geeigneten Zeitpunkt von der experimentellen auf diese Stammkurve überwechseln und den weiteren Reaktionsverlauf theoretisch berechnen. Ergibt sich zum Beispiel für $t = 60$ min (PÄT, 140°C, $a = 2{,}6 \cdot 10^6\ m^{-2}$) ein theoretischer Umsatz von 82,7%, dann läßt sich für den Endwert ($t = 200$ min) ein Druckanstieg von 37,3 auf 45,1 mm berechnen. Unter günstigen Bedingungen kann die benötigte Stammkurve direkt aus Gl. (2) berechnet werden. Wie Tabelle 4 zeigt, kann in dem angeführten Beispiel das Endergebnis schon ab 40 min sehr exakt ermittelt werden.

Eine direkte Berechnung der Stammkurven kann jedoch nur begrenzt erfolgen. Dies hat seine Ursache in folgenden Gründen:

1. Gleichung (2) gilt exakt nur für höhere Zeiten, der Anlaufvorgang der Diffusion wird mit dieser Beziehung nicht richtig wiedergegeben.
2. Gleichung (2) beruht auf konstanten Diffusionskoeffizienten, d. h. konstanten Temperaturen. Diese Bedingung ist jedoch nicht erfüllt, da die Probenröhren kalt in das Ölbad eingetaucht werden. Hinsichtlich des Temperaturausgleiches treten zwischen den Normal- und den Beutelröhren beträchtliche Unterschiede auf.
3. Für den zeitlichen Verlauf des Druckanstiegs muß bei exakter Berechnung in Gleichung (2) statt D der effektiv wirksame Diffusionskoeffizient D_{eff} eingesetzt werden [6]:

$$D_{eff} = D \cdot \frac{100 + E \cdot K \cdot Z \cdot c}{100}. \qquad (11)$$

Die Unterschiede zwischen D und D_{eff} werden im wesentlichen durch E (Normal- oder Beutelröhren) und K (Temperatur und Substanz — PA oder PÄT) bestimmt.

Tabelle 5. Berechnung der Ergebnisse über empirische Stammkurven
PÄT; 140 °C; $a = 2{,}6 \cdot 10^6\ m^{-2}$
$F = 6{,}3$ mg H_2O/100 g PÄT

t min	∅ p %	p_{max} %	p_{min} %	ΔF_{max} mg H_2O/100 g PÄT	ΔF_{min}
20	52,3	57,1	48,3	+0,6	−0,5
40	69,3	72,9	64,6	+0,3	−0,4
60	79,0	80,4	75,4	+0,1	−0,3
80	86,5	87,6	85,4	+0,1	−0,1

Da die unter 2 und 3 genannten Gründe gegenläufig sind, kann speziell bei kleineren K-Werten eine rein mathematische Extrapolation gute Ergebnisse liefern.

Bessere Werte erhält man jedoch mit Hilfe empirisch ermittelter Stammkurven. Für diese ergaben sich z. B. am PÄT aus neun Versuchsreihen die in Tabelle 5 gezeigten Werte.

In Tabelle 5 sind in Spalte 1 und 2 die Werte der Stammkurve (Mittelwerte) und in den Spalten 3 und 4 die gemessenen Extremwerte aus den neun Versuchsreihen eingetragen. In den letzten beiden Spalten sind schließlich die sich bei Benutzung dieser Stammkurve im Extremfall ergebenden Abweichungen — bezogen auf den bestimmten Feuchtegehalt von $F = 6{,}3$ — angegeben. Diese Abweichungen liegen im Normalfall unter der Streubreite des Verfahrens. Wie sich auch bei Routineuntersuchungen zeigte, können über Stammkurven die Endergebnisse bereits nach 15 bis 20 min mit hinreichender Genauigkeit ermittelt werden.

Wie sich aus Gleichung (11) ergibt, kann D_{eff} durch den Einsatz von Beutelröhren so stark angehoben werden, daß auch bei tieferen Temperaturen die Gleichgewichtseinstellung relativ rasch erfolgt.

In Tabelle 6 sind die beobachteten Druckwerte (Mittelwerte von je drei Versuchen) angegeben. Das Druckgleichgewicht stellt sich unter diesen Bedingungen bei Beutelröhren nach etwa 50 min, bei Normalröhren dagegen erst nach über 100 min ein. Diese Zeiten erhöhen sich bei einer Temperaturabsenkung auf 100°C nur geringfügig, so daß bei Polyamid eine zusätzliche Verkürzung der Analysendauer durch die Berechnung der Ergebnisse über Stammkurven nur in dringenden Fällen erforderlich ist.

Tabelle 6. Druckverlauf bei manometrischen Bestimmungen an Polyamid (1,1 × 1,1 mm)

Beutelröhre $E \sim 56$ g $T = 120\,°C$
Normalröhre $E \sim 11{,}5$ g $F = 8$ mg H_2O/100 g PA

t min	p mm Ölsäule Beutelröhre	p mm Ölsäule Normalröhre
20	23,1	17,1
40	28,6	18,7
60	29,1	19,3
80	29,2	19,6
100	28,9	19,9
120	28,9	20,1
140	28,7	20,3

4. *Experimentelle Ergebnisse*

Nachstehend sollen — getrennt für PA und PÄT — an je einem Beispiel der Einfluß der Störreaktionen und die Ergebnisse für sehr kleine Feuchtegehalte wiedergegeben werden.

4.1. *Polyamid*

Für die in Bild 4 aufgeführte Probe (PA, 1,5 × 1,5 mm, Normalröhre) ergibt sich bei je fünf Messungen folgender Vertrauensbereich.

T °C	t min	⌀ F mg H_2O/100 g PA	$q_{95\%}$ mg H_2O/100 g PA
200	100	95,6	±4,4
140	100	64,5	±2,1

Ein Vertrauensbereich in dieser Größe wurde auch von *Dietrich* [3] angegeben. Dies deutet auf eine gute Reproduzierbarkeit der Messungen hin. Die bei 200 °C auftretenden systematischen Fehler werden jedoch von q nicht erfaßt.

In der folgenden Versuchsreihe (Tabelle 7) wurde eine Probe mit beiden Röhren untersucht und Vergleichsuntersuchungen mit der von *D. Dinse* und *K. Praeger* [7] beschriebenen modifizierten *Karl-Fischer*-Titration durchgeführt.

4.2. *Polyäthylenterephthalat* (2 × 4 × 4 mm)

Für die Versuche (Normalröhre) der beiden in Bild 3 gezeigten PÄT-Proben errechnen sich die nachstehenden Vertrauensbereiche:

Probe	T °C	t min	n	⌀ F mg H_2O/100 g PÄT	$q_{95\%}$ mg H_2O/100 g PÄT
normal	200	90	8	12,3	±0,6
	140	200	4	7,4	±1,4
entgast	200	90	5	8,3	±1,4
	140	200	6	8,5	±0,9

In der in Tabelle 8 wiedergegebenen Versuchsreihe wurden analog zum Polyamid Vergleichsuntersuchungen an einer PÄT-Probe durchgeführt.

(Eine bei 120 °C durchgeführte Versuchsreihe zeigte ähnliche Ergebnisse. Die durch s und q angegebenen Abweichungen waren bei dieser Reihe im Durchschnitt um 20% geringer.)

4.3 *Einschätzung der Meßergebnisse*

Hinsichtlich der Standardabweichung und des Vertrauensbereiches sind die Messungen mit der Beutelröhre denen mit der Normalröhre und den *Karl-Fischer*-Titrationen eindeutig überlegen.

Die Streuung der Werte bei den Untersuchungen mit der Beutelröhre sind zum Teil auf den parallelen Einsatz verschiedener Apparate zurückzuführen. Von den eingesetzten drei Geräten weist in beiden Fällen nur App. I größere Streuungen auf, während sich die Ergebnisse der beiden anderen Geräte II und III nur um einige 10^{-4}% unterscheiden. In Hinblick auf die Höhe des Meßeffektes und den Streubereich sollte es deshalb möglich sein, mit der Beutelröhre sowohl bei PA als auch bei PÄT Messungen bis zu einem Feuchtegehalt von ca. 0,001% durchzuführen.

Die Messungen mit der Normalröhre sind generell unempfindlicher. Die Fehler überdecken hier die bei den Beutelröhren nachweisbaren apparativen Schwankungen. Bei beiden Röhrentypen liegt die Fehlergrenze über der durch den Meßeffekt gegebenen Ablesegenauigkeit.

Die *Karl-Fischer*-Titration ist ein Differenzverfahren, bei dem im vorliegenden Fall der Blindwert den Meßeffekt um den Faktor 2 bis 3 übersteigt. Im Hinblick auf die verbleibende Differenz (0,1 ml entsprechen ca. 10 Tropfen Maßflüssigkeit) dürfte die berechnete Standardabweichung der Empfindlichkeitsgrenze des Verfahrens entsprechen.

Tabelle 7. Experimentell bestimmte Feuchtewerte an einer PA-Probe (1,1 × 1,1 mm)

T = 120 °C t = 100 min

Methode	Normalröhre	Beutelröhre		K.-F.-Titration [7]
⌀ Einwage in g	11,1	57,5		4…7
⌀ Meßeffekt	18 mm	31 mm		0,1…0,3 ml
F gefunden mg H_2O/100 g PA	11,2	8,0	I	7
	9,6	7,7		6
	8,6	8,6		9
	9,4	8,8		16
	7,1	7,6	II	13
	6,5	7,4		12
	6,9	7,9		19
	7,3	8,9	III	17
	9,9	9,1		14
	10,9	9,2		15
⌀ F	8,8	8,3		12,8
s ±	1,7	0,67		4,2
$q_{95\%}$ ±	1,24	0,48		3,0

s = Standardabweichung [8]
$q_{95\%}$ = Vertrauensbereich des Mittelwertes bei 95% statistischer Sicherheit [8]

Tabelle 8. Experimentell bestimmte Feuchtewerte an einer PÄT-Probe

t = 100 min T = 140 °C

Methode	Normalröhre	Beutelröhre		K.-F.-Titration [7]
⌀ Einwaage in g	11,1	62,2		4…7
⌀ Meßeffekt	57,8mm	57,8 mm		0,07 ml
F gefunden mg H_2O/100 g PÄT	9,3	5,8	I	9
	6,8	6,6		7
	6,8	6,9		9
	8,1	6,4		12
	7,9	5,1	II	15
	8,1	5,9		9
	9,0	5,9		9
	8,0	6,6	III	9
		6,8		14
		6,9		12
⌀ F	8,0	6,3		10,5
s ±	0,97	0,59		2,6
$q_{95\%}$ ±	0,82	0,42		1,9

Zur Frage der Verteilungsfunktion bei Polykondensaten

Zusammenfassung

Das Verfahren der manometrischen Wasserbestimmung an Hochpolymeren wird speziell für geringe Feuchtegehalte untersucht. Für die Berechnung der Feuchtewerte wird eine Beziehung angegeben, die auch bei geringen Wasserwerten exakt gilt.

Bei der Überprüfung der in der Literatur angegebenen Arbeitstemperaturen wird nachgewiesen, daß diese wegen auftretender Störreaktionen nur bei hohen Feuchtewerten angewandt werden können, während bei geringen Feuchtewerten die Badtemperatur abgesenkt werden muß. Die maximal zulässige Arbeitstemperatur läßt sich durch kinetische Untersuchungen experimentell bestimmen. Durch Vergleich der experimentellen Werte mit dem zu erwartenden Reaktionsverlauf läßt sich das Verfahren zeitlich erheblich abkürzen. Die hierzu benötigten Kurven können anhand von Vergleichsuntersuchungen empirisch ermittelt werden; in einigen Fällen ist eine direkte Berechnung aus den Diffusionsgesetzen möglich.

Die Empfindlichkeit der Wasserbestimmung läßt sich durch den Einsatz einer speziellen Untersuchungsröhre beträchtlich steigern. Die Überprüfung des Verfahrens ergab an Polyamid 6 und an Polyäthylenterephthalat bei Feuchtegehalten von 8 bzw. $6 \cdot 10^{-3}$% H_2O Standardabweichungen von ca. $6 \cdot 10^{-4}$% H_2O.

Für die sorgfältige Durchführung der umfangreichen Messungen möchten wir an dieser Stelle Frau *B. Hänsel*, Frau *M. Bohne*, Frl. *M. Lorenz*, Frau *R. Krautz* und Frl. *S. Scheppan* vielmals danken.

Literatur

[1] *Schneider, K.*: In: *Vieweg, R.*, und *Müller, A.*: Kunststoffhandbuch, Bd. VI, Polyamide. München: Carl Hanser 1966, S. 572–573.

[2] *Illing, G.*, und *v. Hobe, D.*: Manometrische Bestimmung sehr kleiner Wassergehalte in hochpolymeren Stoffen. Fresenius' Z. analyt. Chemie **230** (1967) 6, S. 418–421.

[3] *Dietrich, K.*: Zur manometrischen Wasserbestimmung in Polyamidschnitzeln. Faserforsch. u. Textiltechnik **20** (1969) 4, S. 198–199.

[4] *Schmalz, E.-O.*: Bestimmung der Gleichgewichtskonstanten von Wasser in Hochpolymeren. Faserforsch. u. Textiltechnik **20** (1969) 11, S. 533–538.

[5] *Schmalz, E.-O.*, *Ahlers, K.-D.*, *Dielforder, H.*, *Grundke, H.*, und *Zuchold, H.*: Untersuchungen zur Trocknung von Polyamid-Granulat. Faserforsch. u. Textiltechnik **20** (1969) 1, S. 42–47.

[6] *Schmalz, E.-O.*, und *Grundke, H.*: Diffusion von Wasser in Hochpolymeren. Faserforsch. u. Textiltechnik **20** (1969) 8, S. 377–383.

[7] *Dinse, D.*, und *Praeger, K.*: Eine neue Betriebskontrollmethode zur Wasserbestimmung in Polyäthylenterephthalat. Faserforsch. u. Textiltechnik **20** (1969) 9, S. 449–450.

[8] Prüfung von Textilien — Auswertung der Meßergebnisse. TGL 0-53 804 vom 12. 6. 62.

Eingegangen am 22. 12. 1969

Kurze Mitteilungen[1]

Zur Frage der Verteilungsfunktion bei Polykondensaten

DK 678.6:[541.24.08:519.241.6]:541.64

In unlängst erschienenen Arbeiten von *Sippel* und *Albien* [1, 2] wird behauptet, daß die Verwendung der Verteilung nach *Flory/Schultz* [3] formalen Charakter besitzt, da die Wahrscheinlichkeit p (nach *Flory* der Umsatzgrad einer Reaktion), erstens nicht für jede einzelne Fraktion aus den Fraktionierergebnissen berechnet werden kann, und zweitens diese Größe vom Standpunkt der Wahrscheinlichkeitstheorie aus nicht vollständig erklärbar ist.

Es soll zunächst versucht werden, Klarheit zum zweiten Argument zu schaffen, da die Dinge hier einfacher liegen. Die Folgerung der *Flory*-Verteilung beruht tatsächlich auf der einfachen Erwägung, daß, wenn die Wahrscheinlichkeit der Anlagerung eines Monomeren an die wachsende Kette p ist, so ist die Wahrscheinlichkeit für die Anlagerung eines zweiten Monomeren an die gleiche Kette p^2, eines dritten Monomeren p^3 usw. Von der Wahrscheinlichkeitstheorie her ist das völlig berechtigt, da eine solche Erwägung die Anwendung des Multiplikationsgesetzes der Wahrscheinlichkeiten darstellt, und zwar für den Fall, daß die Reaktionsfähigkeit der wachsenden Kette nicht von ihrer Länge abhängt. Tatsächlich ist, wenn die Wahrscheinlichkeit für die Anlagerung eines Monomeren an die wachsende Kette p ist, die Wahrscheinlichkeit für die Anlagerung zweier Monomermoleküle $p \cdot p = p^2$, und von drei Molekülen $p \cdot p \cdot p = p^3$. Daraus folgt jedoch *keinesfalls*, daß die Wahrscheinlichkeit dafür, daß sich kein Monomeres an die Kette anlagert, p^0 ist. Im Gegensatz dazu ergibt sich nach *Sippel* und *Albien*, daß für ein *beliebiges* Ereignis mit der Eintreffwahrscheinlichkeit y die Wahrscheinlichkeit dafür, daß das Ereignis nicht stattfindet, stets $y^0 - 1$ zu setzen ist, eine Welt ohne Ereignisse! Tatsächlich ist die erwähnte Wahrscheinlichkeit $1 - p$, durch die *Flory* die Wahrscheinlichkeit für die Existenz des Endes einer Kette bestimmt. Bezüglich der Abspaltungsreaktion des Monomeren von der Kette (*Sippel* und *Albien* bestimmen diese Wahrscheinlichkeit als p^{-1}) ist zu sagen, daß diese aus der Wahrscheinlichkeit der Anlagerung eines Monomeren an die Kette nicht abgeschätzt werden kann, ebensowenig, wie man anhand der Geschwindigkeit einer Hinreaktion die Geschwindigkeit der Rückreaktion beurteilen kann.

Betrachten wir nun die Möglichkeit zur Bestimmung der Größe p aus experimentellen Fraktionierergebnissen. Zunächst sei gezeigt, daß die Gleichung (3) aus [4] eine der Folgerungen der *Flory*-Verteilung ist. Nach *Flory* [3] ergibt sich der Masseanteil π_x einer Polymerfraktion mit dem Polymerisationsgrad x aus folgender Beziehung:

$$\pi_x = (1 - p)^2 x p^{x-1}. \qquad (1)$$

Beträgt die anfängliche Zahl an Ketten N_0, so erhält man die Anzahl Moleküle des x-meren N_x wie folgt:

$$N_x = \frac{N_0 \pi_x}{x} = N_0 (1 - p)^2 p^{x-1}. \qquad (2)$$

[1]) Die Veröffentlichung der „Kurzen Mitteilungen" erfolgt unter alleiniger Verantwortung der Verfasser.

Bestimmen wir die Änderung der Anzahl Moleküle mit zunehmendem Polymerisationsgrad

$$\frac{dN_x}{dx} = N_0(1-p)^2 p^{x-1} \ln p \tag{3}$$

oder unter Verwendung von Gleichung (2)

$$\frac{dN_x}{dx} = N_x \ln p. \tag{4}$$

Gleichung (4) gilt für beliebige Werte von x, weshalb auch folgender Ausdruck benutzt werden kann:

$$\sum_x \frac{dN_x}{dx} = \sum N_x \ln p \tag{4a}$$

oder

$$\frac{dN}{dx} = N \ln p. \tag{4b}$$

Nach Auflösen dieser Differentialgleichung unter Anlegen der Randbedingungen ($N = N_0$ bei $x = 1$) erhalten wir:

$$N = N_0 \, e^{\ln p (x-1)}. \tag{5}$$

Gleichung (5) ist *völlig* identisch mit Gleichung (3) aus [4], ihr Vergleich ergibt folgende Identität:

$$\alpha \equiv -\ln p. \tag{6}$$

Erwähnt sei ferner, daß für p nahe 1 (für $\bar{x}_n = 50$ beträgt p schon 0,98) gilt:

$$\alpha \cong 1 - p. \tag{7}$$

Da der Haupthinweis von *Sippel* und *Albien* eine Folge der *Flory*-Verteilung ist, muß die von den Autoren erhaltene Verteilung ebenfalls eine *Flory*-Verteilung sein. Das geht aus dem Folgenden hervor. Nach *Sippel* und *Albien* sieht die Häufigkeitsverteilung folgendermaßen aus:

$$H = N_0 \alpha^2 e^{-\alpha(x-1}(x-1). \tag{8}$$

Physikalisch stellt H die Masse der Fraktion mit dem Polymerisationsgrad x dar. Um aus Gleichung (1) einen der Gleichung (8) ähnlichen Ausdruck zu erhalten, schreiben wir für die Masse der Fraktion nach *Flory:*

$$P_x = N_0(1-p)^2 x p^{x-1}. \tag{9}$$

Unter Beachtung, daß

$$p = e^{\ln p} \tag{10}$$

ist, und unter Verwendung der Identität von (6) und (7) erhalten wir

$$P_x = N_0(1-p)^2 x e^{\ln p(x-1)} \equiv N_0 \alpha^2 x e^{-\alpha(x-1)}. \tag{11}$$

Es geht also im Prinzip um die Frage, was leichter zu bestimmen ist, α oder p.

Das in [2] vorgeschlagene Verfahren zur Bestimmung von p stellt eine graphische Lösung der Gleichung (1) dar. Schreibt man diese Gleichung in der Form

$$\lg(1-p) = \frac{1}{2} \lg \frac{\pi_x}{x} - \frac{x-1}{2} \lg p, \tag{12}$$

so gibt der Schnittpunkt der hyperbolischen Abhängigkeit lg (1 — p) von lg p mit der den rechten Teil der Gleichung (12) darstellenden Geraden den gesuchten Wert für p. Die Berechnung nach dem beschriebenen Verfahren ist in Bild 1 dargestellt. Daraus ist zu ersehen, daß die Geraden nur die

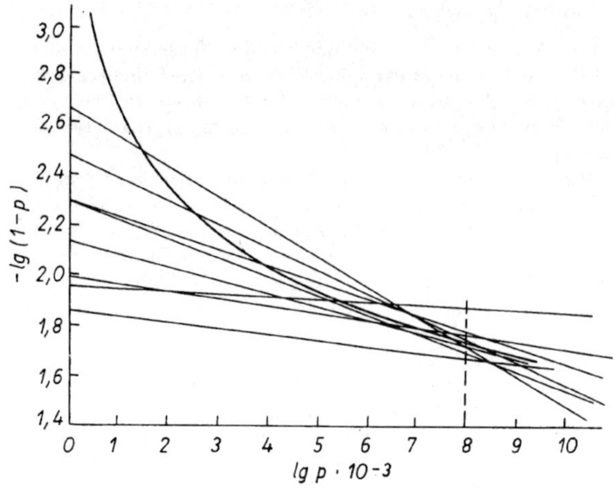

Bild 1. Bestimmung von p nach *Sippel* und *Albien* [2]

Tendenz zum Überschneiden in einem gewissen Gebiet aufweisen, weshalb eine genaue Bestimmung von p nicht möglich ist. Das war jedoch auch zu erwarten, da der in Gleichung (12) enthaltene Ausdruck π_x/x Null sehr nahe kommt und geringe Abweichungen dieses Ausdrucks bereits zu großen Abweichungen von lg π_x/x führen. Wählt man die Werte für lg (1 — p) in dem Bereich, in dem sich die Geraden am nächsten kommen (dieser Bereich ist in Bild 1 durch die senkrechte gestrichelte Linie dargestellt), so beträgt die Streuung von —1,67 bis —1,87 etwa 12%, während p sich zwischen 0,95 und 0,99, d. h. um etwa 4%, ändert. Daraus

Tabelle 1. Unter Verwendung von Gleichung (13) berechnete Daten zur Fraktionierung von Polyamid 6.6 [1]

Polymerisationsgrad der Fraktion x	$\frac{\pi_x}{x} \cdot 10^3$	Molanteil der Fraktion λ_x	Gesamtmolanteil Λ_x	$1 - \Lambda_x$	lg $(1 - \Lambda_x)$
1	2	3	4	5	6
24,7	2,9231	0,2071	0,2071	0,7929	0,1008
34,4	1,8808	0,1326	0,3397	0,6603	0,1803
44,8	1,4063	0,1002	0,4399	0,5601	0,2514
49,5	0,9030	0,0643	0,5042	0,4958	0,3047
58,9	1,0068	0,0715	0,5757	0,4243	0,3523
67,6	0,8506	0,0604	0,6361	0,3639	0,4045
76,3	0,6356	0,0452	0,6813	0,3187	0,4966
82,7	0,5961	0,0423	0,7236	0,2764	0,5585
93,7	0,5624	0,0399	0,7635	0,2365	0,6262
103	0,5097	0,0362	0,7997	0,2003	0,6984
109	0,4743	0,0337	0,8334	0,1666	0,7783
116	0,2810	0,0200	0,8534	0,1466	0,8338
126	0,2690	0,0191	0,9130	0,0870	0,8945
131	0,3015	0,0214	0,8939	0,1061	
	(?)				0,9743
142	0,2691	0,0191	0,9130	0,0870	1,0605
151	0,2490	0,0177	0,9307	0,0693	1,1593
162	0,2290	0,0162	0,9469	0,0531	1,2749
182	0,2390	0,0169	0,9638	0,0362	1,4413
202	0,1708	0,0121	0,9759	0,0241	1,6180
235	0,1655	0,0117	0,9876	0,0121	1,9171
274	0,1730	0,0122	0,9998	—	—

$$\sum \frac{\pi_x}{x} = 0{,}0140956$$

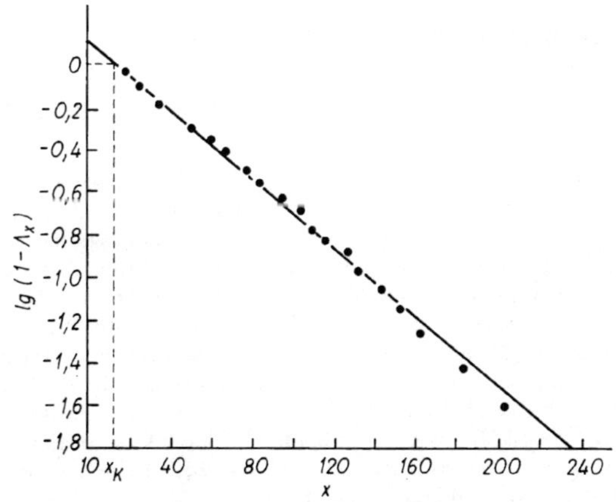

Bild 2. Bestimmung von p nach *Fajnerman* und *Poljakova* [5]

kann jedoch nur der Schluß gezogen werden, daß das *vorliegende* Verfahren zur Bestimmung der Konstante p nicht geeignet ist.

Für die genaue Bestimmung von p benutzt man am einfachsten die in [5] angegebene Gleichung

$$\lg (1 - \Lambda_x) = x \lg p, \tag{13}$$

worin Λ_x der gesamte Molanteil von Fraktionen mit dem Polymerisationsgrad von 1 bis x ist. Zur Berechnung nach (13) sollen die in [1] angeführten Fraktionierergebnisse herangezogen werden. Die dabei erhaltenen Daten sind in der Tabelle 1 zusammengestellt.

Anhand der Werte aus den Spalten 1 und 6 ist die in Bild 2 wiedergegebene Kurve gezeichnet worden. Wie daraus zu ersehen ist, liegen die Punkte ziemlich gut auf einer Geraden, deren Neigung es erlaubt, den über alle Fraktionen gemittelten Wert p zu erhalten. Für die in Bild 2 dargestellte Gerade ist $p = 0{,}981$, was mit dem von *Sippel* und *Albien* aus dem Zahlenmittel der rel. Molekularmasse für Polyamid erhaltenen Wert gut übereinstimmt. (Der Ä-Wert 0,9905 für die in [1] untersuchte Probe ist offenbar ein Druckfehler, da nach Bild 7 in (1) sich aus $x_{\max} \cong \bar{x}_n \cong 50$ der Wert für p gleich 0,98 ergibt!) Nun haben wir die Möglichkeit, die Identität von (6) und (7) zu beurteilen: für $p = 0{,}99$ ist $\alpha = 0{,}01$, für $p = 0{,}981$ ist $\alpha = 0{,}019$. Aus den Bildern 2 und 3 in [1] wird bestätigt, daß dem tatsächlich so ist.

Bild 2 erlaubt ferner, den Polymerisationsgrad der mit einer gegebenen Fraktioniermethodik nicht bestimmbaren niedermolekularen Fraktionen eines Polyamids zu bestimmen (vgl. [5]), und zwar von Oligomeren mit $x = 1$ bis $x_k = 12$. Nun kann man, falls erforderlich, p für jede Fraktion berechnen:

$$\lg p = \frac{\lg (1 - \Lambda_x)}{x - x_h}. \tag{14}$$

Eine solche Berechnung ist jedoch kaum zweckmäßig, da die Anwendung des Verfahrens der kleinsten Quadrate zur Konstruktion der Geraden in Bild 2 es ermöglicht, auch den Fehler des erhaltenen p-Wertes abzuschätzen.

Schließlich läßt sich anhand von x_k der integrale Masseanteil I_x der nichtbestimmbaren Fraktionen ermitteln [6]:

$$I_x = 1 - p^x (x - xp + 1). \tag{15}$$

Für $p = 0{,}981$ und $x_k = 12$ ist $I_x \cong 2\%$. In (1) liegt der nichtbestimmbare Masseanteil des Polymeren bei $100{,}00 - 97{,}62 = 2{,}38\%$, was für die Realität des nach Gleichung (15) berechneten I_x-Wertes spricht.

Die von uns auf Grund der *Flory*-Verteilung erhaltenen Beziehungen und die Berechnung einer realen Verteilung der rel. Molekülmasse auf deren Basis zeigen die streng theoretische Richtigkeit der Methodik, nach der sich *alle* Verteilungscharakteristiken von Polykondensaten erhalten lassen.

Literatur

[1] *Sippel, A.*, und *Albien, K.*: Zur Auswertung und Darstellung von Fraktionierergebnissen bei Polykondensaten. Faserforsch. u. Textiltechnik **19** (1968) 4, S. 145 bis 148.

[2] *Sippel, A.*, und *Albien, K.*: Bemerkungen zur Frage der Polymerisationsgradverteilung bei Polykondensaten. Faserforsch. u. Textiltechnik **19** (1968) 7, S. 333.

[3] *Flory, P. J.*: Molecular size distribution in linear condensation. J. amer. chem. Soc. **58** (1936) S. 1877–1885.

[4] *Sippel, A.*, und *Albien, K.*: Zur Theorie der Polymerisationsgradverteilung bei Polykondensaten. IV. Kolloid-Z./Z. Polymer **204** (1965) 1/2, S. 16–20.

[5] *Fajnerman, A. E.*, und *Poljakova, V. M.*: Über ein Verfahren zur linearen Darstellung der wahrscheinlichsten Verteilung nach Flory. Vysokomol. Soed. (Hochmol. Verbind.) **10 A** (1968) 5, S. 1214–1216; dt. in: Sowj. Beitr. Faserforsch. Textiltechnik **5** (1968) 9, S. 449–451.

[6] *Fajnerman, A. E.*, und *Poljakova, V. M.*: Zum Vergleich der experimentell gefundenen und der theoretischen Molekulargewichtsverteilung bei Poly-ε-caproamid. Vysokomol. Soed. (Hochmol. Verbind.) **8** (1966) 3, S. 419 bis 421; dt. in: Sowj. Beitr. Faserforsch. Textiltechnik **3** (1966) 7, S. 344–346.

A. E. Fajnerman

Institut der Chemie hochmolekularer Verbindungen der Akademie der Wissenschaften der Ukr. SSR. Kiew 105/UdSSR, Charkower Chaussee 48

Eingegangen am 26. August 1969

Stellungnahme zur Kurzmitteilung von A. Fajnerman

Mein Einwand gegen die Benutzung von p als Anlagerungswahrscheinlichkeit von Monomeren an eine Makromolekülkette ist grundsätzlicher und mathematischer Art. Er kann also nicht durch Zitate oder durch den Hinweis auf die verschieden großen Geschwindigkeitskonstanten vorwärts- und rückwärts verlaufender chemischer Reaktionen entkräftet werden. Zudem spielen Reaktionsgeschwindigkeiten im üblichen Sinn weder bei den *Flory*'schen noch bei unseren Überlegungen über die Polymerisationsgradverteilung eine Rolle.

Die graphische Ermittlung eines Durchschnittswertes für p, wie sie von *Fajnerman* in Bild 2 seiner Kurzmitteilung gezeigt wird, stellt zweifellos einen Fortschritt gegenüber dem (z. B. von *G. B. Taylor*) früher geübten Verfahren dar, p mit Hilfe besonderer Messungen zu ermitteln. Was aber die graphische Methode zur Bestimmung von p, wie *A. Fajnerman* sie durchführt, von unserer graphischen Methode zur Bestimmung von α bzw. ε wesentlich unterscheidet, ist der Umstand, daß *Fajnerman* nur einen *Durchschnitts*wert für sämtliche Fraktionen aus der Neigung einer Geraden ermitteln kann, während wir mit unserer Methode in der Lage sind, für *jede einzelne* Fraktion einen Wert von α bzw. ε zu bestimmen.

Wenn, wie *Fajnerman* beweisen möchte, die Verteilungsfunktion von *P. J. Flory* und die unsrige identisch wären, so wäre es ihm auch möglich gewesen, eine Gleichung abzuleiten, die p für jede einzelne Fraktion zu berechnen gestattet, wie wir dies für α bzw. ε zu tun in der Lage sind und was für die praktische Auswertung wichtig ist.

Arnulf Sippel, Freiburg i. Br.

Eingegangen am 2. Februar 1970

Zum Einfluß von Inhomogenitäten in Viskosespinnlösungen auf deren Fließverhalten

DK 661.728.84:661.728.361/.362:677.463.021.341.2:532.135:532.13.08:541.182.644

Inhomogenitäten in Gestalt sogenannter „Gelpartikel" können bei der Verarbeitung von Viskosespinnlösungen erhebliche Schwierigkeiten verursachen. Andererseits müssen zur Herstellung bestimmter Fasertypen Viskosespinnlösungen absichtlich mit Inhomogenitäten — wie beispielsweise Titandioxid — beladen werden. Im Zusammenhang mit unseren rheologischen Untersuchungen an Spinnlösungen [1, 2] interessierte uns daher die Frage nach dem Einfluß solcher Inhomogenitäten auf das Fließverhalten der Lösung, zumal von Polymerschmelzen bekannt war, daß hier ein derartiger Einfluß tatsächlich vorliegen kann [3, 4].

Mit Hilfe unserer bereits beschriebenen Methodik der Druck-Kapillarviskosimetrie [1, 2] unter Verwendung von Kapillaren bzw. Düsenplatten unterschiedlichen Längen/Radius-Verhältnisses (Durchmesser 0,5 mm; $\frac{\text{Länge } L}{\text{Radius } R} = 2{,}3$ bis 40) sowie einer langen Glaskapillare ($L/R = 370$) wurden von Viskosespinnlösungen unterschiedlichen Gelpartikel- bzw. TiO_2-Gehalts Fließkurven bis zu einem Schergefälle von $D = 5 \cdot 10^5\ s^{-1}$ aufgenommen, wobei die Anfangsviskosität η_0 mit einem Rotationsviskosimeter (Rheotest, VEB Prüfgerätewerk Medingen) gemessen wurde. Hinsichtlich der numerischen Auswertung der Fließkurven und der Beurteilung des viskoelastischen Verhältnisses der Lösung mit Hilfe einer Auftragung nach *Bagley* [5] sei auf unsere früheren Mitteilungen verwiesen [1, 2].

Den Einfluß eines unterschiedlichen *Gelpartikelgehaltes* auf das Fließverhalten ermittelten wir an nach dem klassischen Verfahren aus Fichten- bzw. Buchensulfitzellstoff hergestellten Viskosen (ca. 6% Cellulose, 6% NaOH), die in unfiltriertem und filtriertem Zustand verglichen wurden. Die konduktometrisch bestimmte Anzahl der Gelpartikel (Teilchenzähler ZG 1 des VEB Transformatoren- und Röntgenwerk Dresden) mit einem Durchmesser $> 10\ \mu m$ lag bei den unfiltrierten Lösungen zwischen 138000 und 892000, bei den filtrierten zwischen 19000 und 445000 Teilchen pro Gramm Cellulose. Die Anfangsviskositäten η_0 lagen zwischen 111 und 144 P entsprechend 89 und 116 s Kugelfall [6] und wurden über einen hohen DP_v (430 bis 510) bewußt hoch eingestellt, um eine gegebenenfalls auftretende Beeinflussung der Fließkurvenform recht deutlich hervortreten zu lassen. Aus unseren Ergebnissen geht jedoch eindeutig hervor, daß eine solche Änderung der Fließkurvenform durch einen unterschiedlich hohen Gelpartikelgehalt offensichtlich nicht eintritt. Zwischen unfiltrierter und filtrierter Lösung des gleichen Ansatzes bestehen weder signifikante Unterschiede in der Anfangsviskosität noch in den scheinbaren Viskositäten im oberen Beanspruchungsbereich. Ebensowenig sind unter Berücksichtigung der Fehlerbreite der Methode Unterschiede im viskoelastischen Verhalten erkennbar, denn die Ordinatenabschnitte der *Bagley*-Auftragung, die als ein Maß für die Summe der elastischen Deformationsenergie der strömenden Flüssigkeit und der innerhalb der Einlaufzone dissipierten Energie betrachtet werden, waren bei filtrierter und unfiltrierter Lösung praktisch gleich, und eine aus den Meßwerten der Düsenplatten (kurze Kapillaren) nach *Bagley* errechnete Fließkurve für die lange Kapillare ($L/R = 370$) stimmte in beiden Fällen bis zu Geschwindigkeitsgradienten von $D = 2 \cdot 10^5\ s^{-1}$ gut mit den experimentellen Daten überein (vgl. [1, 2]).

Tabelle 1. Experimentelle Daten von TiO_2-beladenen Viskosen

% TiO_2*)	Partikel $> 10\ \mu m$ pro g Cellulose	η_0 P	η' bei $D = 1 \cdot 10^5\ s^{-1}$ P
0	94000	138	0,88
70	6400000	185	0,96
0	24000	113	0,85
2,6	1110000	117	0,88
7,1	1660000	127	0,88

*) bezogen auf den Cellulosegehalt

Für Untersuchungen an *TiO_2-beladenen Spinnlösungen* gingen wir ebenfalls von klassischen Viskosen mit 6% Cellulose, 6% NaOH und einem DP von etwa 500 aus und mischten mit einem Teil der Löselauge unterschiedliche Mengen Titandioxid („Kronos", Titangesellschaft Leverkusen) zu (Tabelle 1).

Die hier angegebenen Partikelzahlen sind nur bedingt mit den Gelpartikelzahlen der vorher besprochenen Meßreihe vergleichbar, einmal wegen einer unterschiedlichen Eigenleitfähigkeit der Partikel, zum anderen wegen der wesentlich verschiedenen Verteilung. Im Gegensatz zur Versuchsreihe mit unterschiedlichem Gelpartikelgehalt ist bei TiO_2-Beladung eine Zunahme der Anfangsviskosität η_0 mit steigendem TiO_2-Gehalt deutlich zu erkennen. Offenbar versteift das Titandioxid als „Füllstoff" die Netzstruktur des Cellulosexanthogenats in der Viskoselösung, solange diese Netzstruktur nur geringfügig mechanisch beansprucht wird. Dagegen bleibt im oberen Beanspruchungsbereich, also unter etwa dem technischen Spinnprozeß entsprechenden Schergefällen der Einfluß des Mattierungsmittels auf die scheinbare Viskosität unbedeutend; beladene und unbeladene Lösungen ergeben praktisch die gleiche, im wesentlichen nur vom Cellulosegehalt (vgl. [2]) abhängige „Endviskosität", die hier bei etwa 0,9 P liegt. Es ist zwar verständlich, daß eine das „Kettennetz" versteifende Wirkung der TiO_2-Partikel mit zunehmender Zerstörung dieses Netzes bei Scherbeanspruchung immer weniger zur Geltung kommt, trotzdem erscheint jedoch ein so geringer Einfluß selbst von 70% TiO_2 (auf den Cellulosegehalt bezogen) auf die scheinbare Viskosität η' bei $= 1 \cdot 10^5\ s^{-1}$ bemerkenswert, wenn man den vergleichsweise recht starken Anstieg von η' bei entsprechender Erhöhung der Cellulosekonzentration ($\eta' = \text{const.} \cdot c_{\text{Cell}}^{5,7}$; vgl. [4]) gegenüberstellt. Ein signifikanter Einfluß selbst eines recht hohen TiO_2-Gehaltes auf das viskoelastische Verhalten (Höhe des Ordinatenabschnitts im Diagramm nach *Bagley*) wurde von uns nicht beobachtet.

Für den Viskosespinnprozeß ergibt sich aus unseren Untersuchungen die Folgerung, daß erstens die bei Anwesenheit vieler Gelpartikel beobachteten Spinnstörungen nicht auf eine grundsätzliche Änderung der rheologischen Eigenschaften der Lösung, sondern wohl ausschließlich auf vorübergehende teilweise Verstopfungen des Düsenloches und dadurch bedingte Änderungen im Durchmesser des ausfließenden Strahls zurückzuführen sind, die wir mit unserer früher beschriebenen fotografischen Methodik [2] recht gut verfolgen konnten, und daß zweitens bei dem Spinnen von mit Mineralpartikeln beladenen Viskosen zwar gegenüber der unbeladenen Viskose eine Erhöhung der Anfangsviskosität eintritt, die sich jedoch infolge eines steileren Verlaufs der Fließkurve für die beladene Viskose bei der im technischen Spinnprozeß herrschenden hohen Scherbeanspruchung kaum mehr auswirkt.

Für die Partikelzählung danken wir Herrn *Klaus Schubert*.

Literatur

[1] *Philipp, B., Wulf, K., Mann, G., Förste, J.*, und *Limberg, H.*: Zur Auswertung der Fließkurven konzentrierter Polymerlösungen an Hand experimenteller Messungen an Viskose. Mh. Chemie **99** (1968) S. 1521–1537.

[2] *Wulf, K.*, und *Philipp, B.*: Rheologische Untersuchungen an Spinnlösungen. 5. Mitt.: Zum Fließverhalten von Viskosespinnlösungen hoher Viskosität. Faserforsch. u. Textiltechnik **20** (1969) 9, S. 417–425.

[3] *Natov, M.*, und *Djagarova, E.*: Änderungen des Fließvermögens von geschmolzenem Polypropylen durch geringe Zusätze von niedermolekularen organischen Stoffen. Angew. makromol. Chemie **2** (1968) S. 165–179.

[4] *Natov, M.*, und *Djagarova, E.*: Einfluß geringer Mengen pulverförmiger Stoffe auf das Fließvermögen von Polymerschmelzen. Angew. makromol. Chemie **2** (1968) S. 180–189.

[5] *Bagley, E. B.*: End corrections in the capillary flow of polyethylene. J. appl. Physics **28** (1957) S. 624–627.

[6] *Treiber, E.*, und *Eriksson, L. S.*: Die Umrechnung von Kugelfallviskosität einer Viskose in Absolutviskosität. Reyon, Zellwolle, andere Chemiefasern **33** (1955) S. 162 bis 163.

Karl Wulf, Rudolf Kapelle und *Burkart Philipp*
Deutsche Akademie der Wissenschaften zu Berlin, Institut für Faserstoff-Forschung in Teltow-Seehof

Eingegangen am 4. Februar 1970

Ein Fall von Fadenbrüchen an Polyamidseide durch Polyäthyleneinschlüsse (S-Masern)

DK 677.494.675:678.742.2:535.827.2:677.019.131.37:677.494.021.97:677.494.061.38

1. Einleitung

Beim Spinnprozeß von Polyamid- und Polyesterseide können Inhomogenitäten oder Fremdkörper in der Schmelze zur Bildung von Spinnfehlern, den sogenannten *S*-Masern oder Spinnmasern, führen [1, 2, 3]: Agglomerate von Mattierungspigmenten, thermisch oder oxydativ abgebaute Polymerschmelze-Teilchen, Metallstücke, Sandkörnchen usw. können beim Austritt aus der Düse in den ungereckten Elementarfaden gelangen und führen nach der Reckung zu lokalen Verdickungen.

Diese Masern mit Einschlüssen lassen sich meist nur wenig recken. Beim Reckprozeß bzw. bei Zugbeanspruchungen in der Weiterverarbeitung der Seide reißen deshalb häufig solche maserhaltigen Elementarfäden, was zu einer Qualitätsverminderung der Ware führen kann.

Als Beitrag zu diesem Thema berichten wir in dieser Mitteilung über einen ungewöhnlichen Schadenfall, bei dem der Fehler durch das Verpackungsmaterial des Rohstoffes bedingt war.

2. Der Schadenfall

In einem Chemiefaserwerk wurden plötzlich zahlreiche Elementarfadenbrüche beim Recken von Polyamidseide beobachtet. Trotz sorgfältiger Nachprüfungen im Betrieb konnte die Ursache des Fehlers nicht ermittelt werden, und die anhaltende Störung drohte die ganze Produktion lahmzulegen.

Eine reichliche Auswahl des beschädigten Materials — es handelte sich um spinnmattierte Feinseiden mit wenigen Elementarfäden — wurde uns zur Untersuchung vorgelegt.

An den Bruchstellen (Bild 1) beobachteten wir stets eine Verschmälerung des Kapillarfadens, der unmittelbar eine starke Verdickung von etwa 0,1 bis 0,2 mm Durchmesser folgte bzw. voranging (Durchmesser der normalen Faser: 20 µm).

Diese Masern, die scheinbar der Reckung widerstanden und dadurch zum Fadenbruch geführt hatten, wurden am Mikroskop untersucht. Die Betrachtung der ganzen Verdickungen, sowohl im Durchlicht wie im Auflicht, ließ keine besondere Strukturmerkmale erkennen (Bild 2, oben). Erst bei der Untersuchung von Dünnschnitten im Phasenkontrast entdeckten wir feine, runde Gebilde im Innern der Polyamidmasse (Bild 3).

Darauffolgende Löseversuche unter dem Mikroskop zeigten, daß es sich um Einschlüsse eines Fremdkörpers handelte: Beim Auflösen der Masern in *m*-Kresol trennten sich lange, fadenartige Gebilde ab (Bild 2), die auf dem Objektträger zurückblieben.

Für die weitere Untersuchung war es nötig, eine größere Menge von Einschlüssen zu sammeln. Zu diesem Zweck haben wir eine Anzahl von Masern im Mikrofiltrationsapparat nach *Iwanow* und *Schneider* [4] mit *m*-Kresol behandelt. Nach erfolgter Auflösung wurde abfiltriert, der Rückstand zuerst mit frischem *m*-Kresol, dann mehrmals mit Alkohol ausgewaschen und an der Luft getrocknet.

Die mikroskopische Untersuchung dieses Materials ergab folgendes: Die länglichen Gebilde, meist mit Mattierungs-

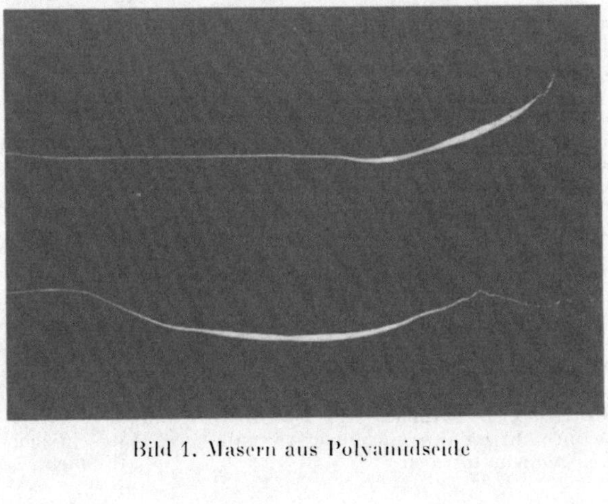

Bild 1. Masern aus Polyamidseide

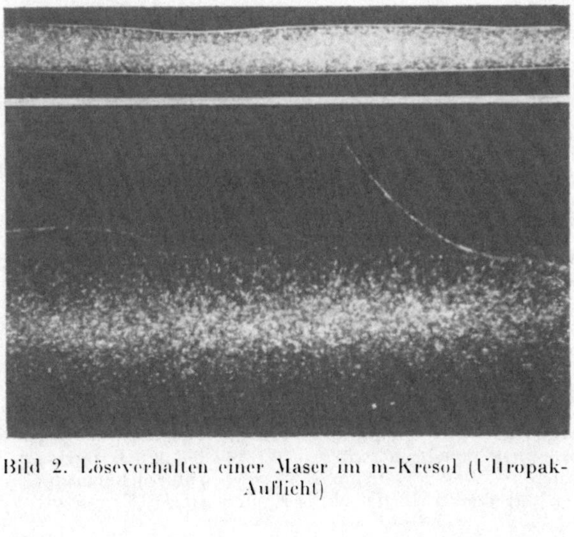

Bild 2. Löseverhalten einer Maser im m-Kresol (Ultropak-Auflicht)

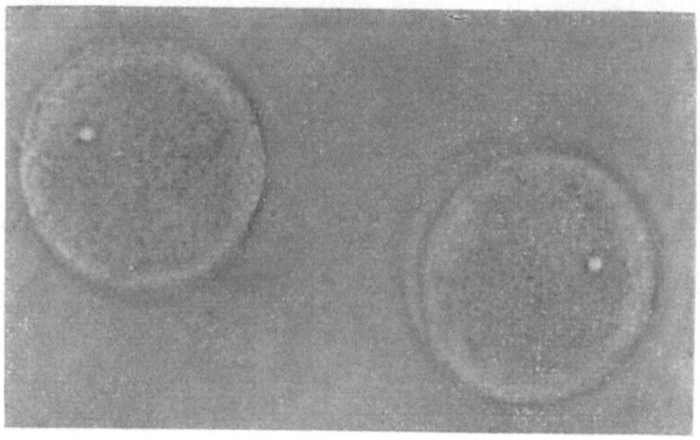

Bild 3. Querschnitte der Masern im Phasenkontrast

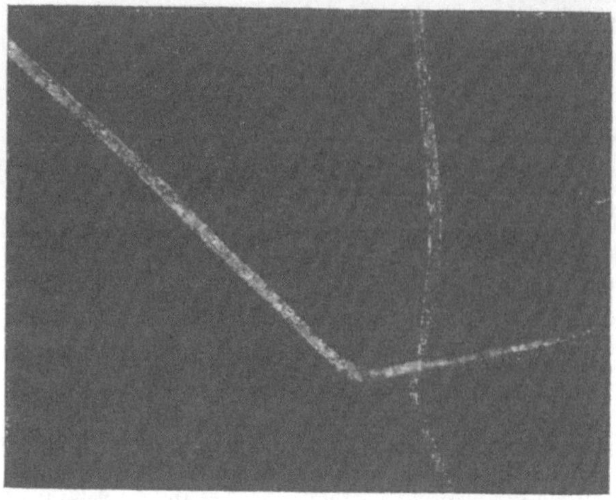

Bild 4. Erscheinungsformen der Einschlüsse (Ultropak-Auflicht)

pigment verkrustet (Bild 4), hatten einen Durchmesser von 6 bis 14 µm und eine Länge von 0,5 bis 1 mm.

Da sie im polarisierten Licht Doppelbrechung aufwiesen, wurde ihre spezifische Doppelbrechung mit Hilfe eines *Berek*-Kompensators bestimmt. Wir fanden einen mittleren Wert von etwa 0,02.

Durch Aufschmelzen auf dem Mikroskop-Heiztisch nach *Weygand* (Leitz) fanden wir einen Schmelzpunkt von rund 115°C.

Abschließend haben wir noch das Verhalten der Gebilde gegen einige Lösungsmittel nachgeprüft. Dazu wurden sie zuerst durch Anschmelzen auf einem Objektträger fixiert. Nach Auflegen eines Deckglases wurden dann die Reagenzien mit einer Mikro-Kapillare unter gleichzeitiger Erwärmung durch den Mikroheiztisch zugefügt. Auf diese Art stellten wir fest, daß sich die Fremdkörper im kochenden Tetrachlorkohlenstoff lösten.

Aus diesen Merkmalen konnte man vermuten, daß es sich bei den Fremdkörpern um Polyäthyleneinschlüsse handelte. Es wurde deshalb in dem vom Schaden betroffenen Betrieb nach der Quelle einer Polyäthylenverseuchung gesucht.

Der Verdacht fiel auf das Verpackungsmaterial des Monomeren:

Das früher in Fässern gelieferte Pulver wurde nämlich seit kurzem in Papiersäcken mit einer Innenverkleidung aus Kunststoff-Folie versandt.

Die Analyse dieses Materials zeigte, daß die Folie tatsächlich die gleichen Merkmale wie diejenige der Einschlüsse aufwies. Daraus konnte man schließen, daß der Fehler auf folgende Art zustande gekommen war:

Durch Nachlässigkeit beim Öffnen der Säcke waren Abfälle des Verpackungsmaterials in den Rohstoff gelangt. Nach erfolgter Polykondensation kamen die thermoplastischen Polyäthylenteilchen in die Schmelze und nahmen nach dem Austritt aus der Düse und dem anschließenden Verzug die Form von langgestreckten, dünnen Gebilden im erstarrten Faden an. Diese Fremdkörper leisteten Widerstand bei der Nachreckung und führten so zu den beobachteten Fadenbrüchen.

Literatur

[1] *Natus, D.*, und *Sauer, H.*: Beschreibung von Prüfverfahren bei der Perlonseidenherstellung. Faserforsch. u. Textiltechnik 8 (1957) 4, S. 150–159.

[2] *Klare, H.*, *Fritzsche, E.*, und *Gröbe, V.*: Synthetische Fasern aus Polyamiden. Berlin: Akademie-Verlag 1963.

[3] *Hoffrichter, S.*: Untersuchungen an Masern aus Polyester-Seide. Faserforsch. u. Textiltechnik **19** (1968) 7, S. 304–312.

[4] *Iwanow, N.*, und *Schneider, R.*: Ein Mikrofiltrationsapparat. Z. wissensch. Mikroskopie **64** [1959) 3, S. 158 bis 164.

Nikolaus Iwanow und *Robert Schneider*
Centre de Recherches Textiles
Mulhouse (Frankreich)

Eingegangen am 22. Januar 1970

Neue Bücher

Die Veränderung von Synthesefasern durch eine Hitzebehandlung im Vakuum. Von *Walter Fester* und *Peter Küppers.* (Forschungsberichte des Landes Nordrhein-Westfalen. Nr. 1861). Köln u. Opladen: Westdeutscher Verlag 1967. 33 S. Brosch. DM 21,10.

Die vorliegende Publikation mit dem Charakter eines Arbeitsberichtes beschreibt die bei Fäden aus Polyester (wahrscheinlich Polyäthylenterephthalat), Polycaprolactam, Polyacrylnitril und Polypropylen durch Erhitzen im Vakuum verursachten Eigenschaftsänderungen. Meßparameter sind Reißkraft und Reißdehnung, Quellungseigenschaften, färberische Eigenschaften und die Vergilbung der Fäden.

Sämtliche Materialien verlieren an Festigkeit, überraschenderweise steigt die reversible Dehnung bei Polypropylenfäden beim Erhitzen auf 180 bis 190°C stark an. Auch der Weißgehalt nimmt bei allen Untersuchungsobjekten mit dem Erhitzen ab; besonders starke Vergilbungen wurden beim Polyacrylnitril registriert. Nicht näher identifizierte flüchtige Produkte wurden nur im Falle des Polyesters beobachtet und als Festkörper isoliert, jedoch gestattete die gewählte Experimentalanordnung lediglich den Nachweis von Substanzen mit relativ geringem Dampfdruck. Die Änderung der Quellungseigenschaften ist ähnlich derjenigen bei kurzzeitigem Erhitzen in Gegenwart von Sauerstoff.

Insgesamt enthält der vorliegende Bericht eine größere Zahl systematischer phänomenologischer Untersuchungen, die den Kenntnisstand zum Problem der Einwirkung von Wärmeenergie auf Synthesefasern erweitern. Leider sind die an den einzelnen Faserstoffen unterschiedlicher Primärstruktur gewonnenen Erkenntnisse nur bedingt vergleichbar, da jeweils Fäden mit verschiedenem Titer untersucht wurden. Den Vergleich mit Ergebnissen anderer Autoren beeinträchtigt die ungenaue Angabe der tatsächlichen Reaktionstemperatur.

W. Jaeger

Neue Bücher

Technologie und Maschinen der Garnherstellung. Von *Harald Perner.* Leipzig: Fachbuchverlag 1969. 670 S. Geb. M 60,—.

Bei dieser Neuerscheinung handelt es sich um ein Lehrbuch, das vom Ministerium für Hoch- und Fachschulwesen zum Gebrauch an Universitäten und Hochschulen der DDR anerkannt wurde. Der Autor, Herr Prof. Dr.-Ing. habil. *H. Perner*, kann auf eine langjährige Lehr- und Forschungstätigkeit auf dem von ihm behandelten Fachgebiet zurückblicken.

Nach der in der DDR eingeführten Textilterminologie ist ein Garn ein aus Fasern gesponnener Faden. Demzufolge behandelt dieses Buch Technologien und Maschinen zum Verspinnen von Fasern, wie z. B. Baumwolle und Wolle einschließlich entsprechender Typen von Chemiefasern, Bastfasern, Seidenabfällen, Asbest- und Glasfasern. Darüber hinaus wird aber auch auf die Seidenhaspelei sowie auf die Herstellung von Papier- und Papierstoffgarnen eingegangen.

Nach einleitenden Abschnitten, die für sämtliche Zweige der Garnherstellung gleichermaßen gelten, wird das Baumwollspinnverfahren in ausführlicher Weise behandelt: Mit 435 Seiten umfaßt es 70% des gesamten Stoffes, wobei jeweils auch auf die für Chemiefasern des B-Typs erforderlichen Besonderheiten eingegangen wird. Aufbauend auf diesem Fundament werden dann die anderen Spinnverfahren in entsprechend verkürzter Weise abgehandelt. So umfaßt die Streichgarnspinnerei 74, die Kammgarnspinnerei 45 und die Bastfaserspinnerei 21 Seiten, und die weiteren Spinnverfahren beanspruchen jeweils nur 3 bis 7 Seiten.

Grundsätzlich wäre auch eine vollkommen andere Gliederung des Stoffes denkbar, bespielsweise nach technologischen Grundoperationen, wie Mischen, Kämmen, Strecken. Dies würde aber beim Leser einen Überblick über die einzelnen Spinnverfahren voraussetzen, der bei Studenten, für die dieses Lehrbuch in erster Linie geschrieben wurde, noch nicht vorhanden ist. Aus diesem Grunde hat der Autor der ausführlichen Behandlung der Baumwollspinnerei — als dem noch immer wirtschaftlich bedeutungsvollsten Spinnverfahren — den Vorzug gegeben. Er hat damit auf eine Lehrmethode zurückgegriffen, die sich in der Praxis bereits vielfach bewährt hat.

Der Behandlung der verschiedenen Spinnverfahren werden jeweils kurze Ausführungen über den Rohstoff vorangestellt, und es wird auch ein Überblick über die jeweils durchzuführenden Arbeitsgänge gegeben. Die Besprechung der einzelnen technologischen Prozesse und der dafür üblichen Maschinen erfolgt dann entsprechend dem Fortschreiten der Technologie, also beispielsweise vom Mischen und Öffnen über das Kardieren und Strecken bis zum Feinspinnen. Zum Erläutern dieser einzelnen technologischen Prozesse dienen Prinzipskizzen und Fotos neuerer Konstruktionen von renomierten Firmen des In- und Auslandes. Für die Beschreibung wurde eine knappe, der jeweiligen Problematik angepaßte Darstellungsform gewählt. Demgegenüber sind Berechnungen und Ableitungen in ausführlicherer Form dargelegt, um dem Leser das Durcharbeiten des Stoffes zu erleichtern.

Als bemerkenswert an diesem neuen Fachbuch auf dem Spinnereigebiet ist hervorzuheben, daß es sich nicht auf eine Beschreibung von Maschinen und technologischen Varianten beschränkt. Der Autor hat vielmehr den Stoff durch allgemeingültige theoretische Betrachtungen für einzelne Prozeßstufen bereichert, wobei er sich im wesentlichen auf die deutschsprachige Fachliteratur der letzten 10 Jahre stützt (88 Literaturstellen). Dabei wurden sämtliche Berechnungen auf das Tex-System umgestellt.

Der Autor war bemüht, das vorliegende Fachbuch möglichst aktuell zu gestalten. So wird nicht nur der gegenwärtige Stand der Technik beschrieben, sondern es werden darüber hinaus für einzelne Maschinentypen bzw. Prozeßstufen prognostische Einschätzungen gegeben, wobei stets die Beziehung zum Gesamtprozeß sowie auch zu anderen Spinnverfahren gesucht wird. Die als bemerkenswert eingeschätzten Neuentwicklungen behandelt er dabei ausführlich, so z. B. die verschiedenen Systeme für einen kontinuierlichen Baumwoll-Spinnprozeß. Den besonders aktuellen Entwicklungen auf diesem Gebiet, den Elementen-Spinnverfahren, wird sogar ein gesondertes Kapitel gewidmet, mit dem das Buch abschließt. Darin werden — basierend auf der Patentliteratur — 28 Konstruktionsprinzipien besprochen.

Trotz der mehr als 500 Bilder, die das Buch in enger Verbindung zum Text anschaulich gestalten, wäre doch noch weiteres Bildmaterial wünschenswert. Insbesondere betrifft dies die Wollwäscherei und Karbonisation sowie auch die Kammgarnspinnerei insgesamt. Für letztere wäre es zweckmäßig, dem Leser die charakteristischen Unterschiede zwischen den wesentlichsten Spinnereisystemen anhand von technologischen Prinzipskizzen klar zu machen. Dabei sollte auch die Dublierung, ihre theoretische Bedeutung sowie ihre praktische Realisierung stärker herausgearbeitet werden.

Zu den Spinnverfahren, die — wohl aus Gründen der Vollständigkeit — am Rande mit behandelt wurden, gehört auch die Glasfaserspinnerei. Auf diesem Spezialgebiet, das meist außerhalb der Textilindustrie betrieben wird, haben sich gegenüber dem beschriebenen Stand bemerkenswerte Veränderungen vollzogen, die bei einer Neuauflage mit berücksichtigt werden sollten. Von besonderem Interesse dürfte in diesem Zusammenhang auch sein, daß hier ein pneumatisches Elementen-Spinnverfahren bereits seit Jahren großtechnisch mit Erfolg betrieben wird.

Wenn hier einige kritische Hinweise gegeben wurden, so ist damit keinesfalls beabsichtigt, den Wert des vorliegenden Buches zu schmälern. Es sind dies vielmehr Hinweise für die nächste Auflage. Für die Weiterentwicklung dieses Fachbuches, das in Zukunft zur Standardliteratur auf dem Spinnereigebiet gehören wird, dürfte sich der enge Kontakt, der zwischen dem Autor und Studenten besteht, sehr günstig auswirken.

Wenn auch die „Technologie und Maschinen der Garnherstellung" vorzugsweise für Studenten textiler und textilverwandter Fachrichtungen geschrieben wurde, so dürfte der Kreis seiner Interessenten aber weiter reichen. Es ist zu erwarten, daß dieses Buch auch bei technischen Leitungskräften der einschlägigen Textilindustrie sowie bei Technikern aus dem Textilmaschinenbau und ähnlichen Interessenten gute Aufnahme finden wird. *H. Rothe*

Einfluß von rasch wechselnden Zugspannungen unterschiedlicher Art und Größe auf den Zusammenhalt der in einem Gespinst vereinigten Fasern. Von *Herbert Stein* und *Andreas Erkens.* Forschungsberichte des Landes Nordrhein-Westfalen. Nr. 2036. Köln und Opladen: Westdeutscher Verlag 1969. 40 S., 31 Abb., 1 Tab. Kart. DM 21,90.

Der vorliegende Forschungsbericht entstand auf Grund von Beobachtungen der Art von Fadenbrüchen bei Garnen, die als Kette auf Webmaschinen verarbeitet werden. Die während der Verarbeitung auftretenden mittleren Fadenzugkräfte liegen meist weit unter der Reißkraft, und die entstehenden Fadenbrüche sind auch durch Spannungsspitzen nicht allein erklärbar. Ziel der Arbeit war es daher festzustellen, unter welchen Voraussetzungen durch Wechselzugbeanspruchungen, wie sie in Kettfäden beim Weben entstehen, Auflockerungen des Fadengefüges und in diesem Zusammenhang ein Auseinanderschleifen möglich ist und zu Fadenbrüchen führen kann.

Um die Fadenbeanspruchung auf der Webmaschine experimentell nachzuahmen, wurde eine Meßeinrichtung aufgebaut, mit der eine Mittelkraft (die der Kettspannung bei Geschlossenfach entspricht) und eine Wechseldehnung (übereinstimmend mit der durch die Fachbewegung bedingten Beanspruchung) überlagert und der zu prüfende Faden damit beansprucht werden kann. Diese „Pulsograph" genannte Einrichtung erlaubte Wechseldehnungen mit Frequenzen von 5, 10 und 20 Hz und Hubwege des Kurbeltriebes und damit der schwingenden Klemme (also doppelte Längenänderungsamplituden) von 0 bis 50 mm. Die untere Klemme war auf einem Doppelhebel so angeordnet, daß sich in deren oberer Stellung eine Einspannlänge von 500 mm ergab. Durch Massestücke auf den Hebelarmen der Waage wurde deren Eigenfrequenz so weit herabgesetzt, daß sie den raschen Schwingbewegungen nicht mehr folgt, sondern nur noch der bleibenden Längenänderung, die während der Prüfung im Faden entsteht. Die konstante Mittelkraft wird durch ein unterhalb der unteren Klemme angebrachtes Massestück erzeugt. Zur Messung der Kraft dient eine auf dem Doppelhebel befestigte Kraftmeßeinrichtung, an der wiederum die untere Klemme angebracht ist. Die Längenänderung des Fadens wird über einen mit dem Doppelhebel verbundenen Weggeber gemessen.

Mit diesem Pulsographen wurde der Hauptteil der beschriebenen Untersuchungen durchgeführt, vergleichsweise auch statische Zugprüfungen mit dem „Stratigraph" und dem „Dynamometer Uster" und zu einem geringen Teil Reibungsmessungen mit dem „Dynagraph".

Als Ergebnis dieser Untersuchungen kann herausgestellt werden: Bei aus Fasern hergestellten Webgarnen bietet eine hohe und gleichmäßige Reißkraft keine Gewähr für eine geringe Fadenbruchanzahl. Durch wechselnde Kräfte, insbesondere durch zwischenzeitliches Auftreten der Zugkraft Null und damit zusammenhängendes Erschlaffen des Fadens, tritt ein Auseinanderschleifen des Garnes auf, das schließlich zum Fadenbruch führt. Die Widerstandsfähigkeit der Garne gegenüber diesen Fadenbrüchen kann durch Verwenden längerer Fasern, feinerer Fasern, stärker gekräuselter Fasern, stärker profilierter Fasern, im Spannungs-Dehnungs-Verhalten angepaßter Fasern bei Mischgarnen. Drehungserhöhung der Garne, Durchführen von Naßprozessen (Waschen, Färben) an Garnen unter Spannung statt spannungslos und durch Anwenden entsprechender Avivagemittel merklich, teilweise sogar entscheidend erhöht werden.

Die Untersuchungen haben deutlich gezeigt, daß eine die Gebrauchsbeanspruchung berücksichtigende dynamische Prüfung einen besseren Einblick in das Gebrauchsverhalten gibt als die klassische statische Zugprüfung. *F. Winkler*

Stoffe 1 — Textilrohstoffe, Garne, Effekte. *Stoffe 2* — Bindung, Gewebemusterung, Veredlung. Von *Alfons Hofer.* (Schriftenreihe der Textil-Wirtschaft) 2. Auflage. Frankfurt/M.: Deutscher Fachverlag 1969. Band 1: 176 S., Band 2: 192 S. Geb.

Die Zielstellung dieses zweibändigen Buches, das in überarbeiteter und erweiterter Form erscheint, ist es, dem Textilkaufmann ein Lehr- und Nachschlagewerk in die Hand zu geben. Diesem Zweck entsprechend wird versucht, einen weitgespannten Überblick über die wichtigsten Fakten auf textilem Gebiet zu geben, wobei bewußt auf tiefschürfende wissenschaftlich-technische Darlegungen verzichtet wird. Großer Wert wird auf das Verständlichmachen der Zusammenhänge und auf die Übersichtlichkeit der Darlegungen gelegt. Aus diesem Grund ist der Wissensstoff stark gegliedert, und die Abschnittsüberschriften sowie die hauptsächlichsten Begriffe im Text sind durch Fettdruck hervorgehoben. Zwischengeschaltete, oft stark vereinfachende Prinzipskizzen sowie Fotos und Tabellen verbessern das Verständnis. Am Schluß der Kapitel wird das Wichtigste jeweils kurz wiederholt. Das alphabetische Stichwortverzeichnis am Ende eines jeden Bandes erleichtert das Suchen und Finden.

Der 1. Band befaßt sich zum größeren Teil mit der textilen Rohstofflehre, wobei neben Fragen der Gewinnung bzw. Erspinnung der einzelnen Faserstoffarten vor allem die vor- und nachteiligen Faserstoffeigenschaften, deren Beeinflußbarkeit durch zusätzliche Behandlungen und die Einsatzmöglichkeiten behandelt werden. Zur Unterscheidung von Faserstoffen werden einige orientierende Schnelltests beschrieben, wie Brennprobe, Netz-, Saug-, Schuppen- und Anfärbeprobe.

In einem 2. Teil „Garne, Zwirne und Effektmaterialien" werden die verschiedenen Musterungsmöglichkeiten von Fäden durch Farb-, Glanz- und Kontureneffekte dargelegt sowie die Texturierverfahren erläutert.

Der 2. Band behandelt die textilen Flächengebilde hinsichtlich Bindung, Musterung und Veredlung, wobei zwar vorwiegend Gewebe zur Diskussion stehen, aber auch Gewirke, Nähgewirke, schaumstoffkaschierte und nichtgewebte Stoffe bis hin zu Faservliesen für „Papierkleider" nicht unberücksichtigt bleiben. Der Verfasser beschränkt sich dabei auf die große Gruppe der Stoffe, die für den Bereich der Damenoberbekleidung von Interesse sind, die also durch den Modeeinfluß am wandlungsreichsten ist. Da gerade diese Stoffgruppe vom Textilkaufmann eine große Sachkenntnis verlangt, will dieser Band das Rüstzeug vermitteln, um neu auf den Markt kommende Stoffe identifizieren, ihren Gebrauchswert und ihre Eigenschaften, ihr Verhalten bei der Verarbeitung, beim Waschen und Reinigen und damit ihr Einsatzgebiet sowie ihre Preiswürdigkeit abschätzen zu können. Diesem Zweck dienen die Gliederung und Darstellung des Stoffes, die Beschreibungen zu den Stoff- und Handelsnamen, die Bindungsbilder und die fotografischen Gewebebilder — die Anzahl der letzteren hätte in diesem Zusammenhang noch etwas reichlicher sein können. Im Veredlungsteil wird auf das Färben, Drucken, Aufhellen und die verschiedenen Ausrüstungsverfahren eingegangen.

Die aktuelle und anschauliche, auf das Wesentliche sich beschränkende und dabei doch sehr umfassende Darstellung des Wissensstoffes macht das Buch, seiner Bestimmung entsprechend, zu einem guten Lehr- und Nachschlagewerk für Textilkaufleute und darüber hinaus auch für andere Textil-Interessenten. *L. Vollrath*

International Union of Pure and Applied Chemistry, Division of Physical Chemistry in conjunction with The Society of Polymer Science, Japan, and The Science Council of Japan, and The Chemical Society of Japan: *Macromolecular Chemistry — 3.* General lectures presented at the International Symposium on Macromolecular Chemistry held in Tokyo and Kyoto, Japan. 28. September — 4. October 1966. London: Butterworths. V, 276 S. 90 s; und International Union of Pure and Applied Chemistry, Division of Physical Chemistry, Commission on Macromolecules in conjunction with Belgian Association of Chemical Manufacturers: *Macromolecular Chemistry — 4.* Plenar and Main lectures presented at the International Symposium on Macromolecular Chemistry held in Brussels — Louvain, Belgium 12.—16. June 1967. London: Butterworths. V, 316 S. 90 s.

Auf dem Symposium in Tokyo/Kyoto (1966) wurden 16 große Vorträge gehalten: *C. H. Bamford* (Liverpool, UK): „Aspekte einiger Start- und Wachstumsprozesse"; *F. A. Bovey* (Murray Hill, N.J., USA): „NMR-Konfigurationssequenz-Studien und der Mechanismus der Vinylpolymerisation"; *M. L. Huggins* (Menlo Park, Calif., USA): „Neuere Untersuchungen über Polymerstruktur"; *V. A. Kabanov* (Moskau, UdSSR): „Polymerisation chemisch-aktivierter Monomerer"; *W. Kern* und *H. Kämmerer* (Mainz, BRD): „Modelle für Matrizenreaktionen"; *S. Murahashi* (Osaka, Japan): „Polyvinylalkohol — ausgewählte Kapitel über seine Synthese"; *C. G. Overberger* et al. (Ann Arbor, Mich., USA): „Spezifisch katalytische Wirkung von großen Molekülen mit Imidazolgruppen"; *I. Pasquon* (Milano, Italien): „Einige Aspekte des Mechanismus der stereospezifischen Polymerisation von α-Olefinen"; *Ch. Sadron* (Strasbourg, Frankreich): „Betrachtungen über die physikochemischen Eigenschaften makromolekularer Ketten in verdünnter Lösung"; *H. A. Scheraga* (Ithaca, N.Y. USA): „Die relativen Stabilitäten einiger Polyaminosäure-Helices"; *P. Schlack* (Stuttgart, BRD): „Polymerisierbare Lactame"; *G. Smets* et al. (Louvain, Belgien): „Polymerisation von Aryldiazoalkanen"; *W. H. Stockmayer* (Hanover, New Hampsh., USA): „Dielektrische Dispersion in Lösungen flexibler Polymerer"; *M. Takayanagi* (Fukuoka, Japan): „Dispersionserscheinungen bei Polymeren im kristallinen Zustand"; *Ph. Weiss* (Warren, Mich., USA): „Photoinduzierte Polymerisation"; *O. Wichterle* (Praha, ČSSR): „Modellsubstanzen — eine Aufgabe in der Polymerforschung."

Die Vorträge vermitteln einen sehr lebendigen Eindruck von den vielfältigen Denk- und Arbeitsrichtungen der reinen und der angewandten Polymerwissenschaft. Da wechseln auch weiträumige Übersichten (*Schlack, Murahashi, Sadron, Pasquon*) mit ersten zusammenfassenden Darstellungen von Arbeitsrichtungen, die von Vortragenden in jüngster Zeit begründet und systematisch ausgebaut wurden. Wer Wege zu neuen Erkenntnissen nacherleben und dabei die Methodik erfolgreicher Forschungskonzeptionen auf unserem Fachgebiet verstehen (und damit nutzen) lernen möchte, dem sei empfohlen, diese Arbeiten zu studieren (im produktiven Sinne dieser Tätigkeit, mit aller Mühe, die dafür aufzuwenden ist). In diesem Sinne sei die Tokyoter „Forschungsenzyklopädie" strebsamen Fachkollegen und Forschungskollektiven wärmstens empfohlen. Darum sollten auch alle Institutionen, die aktive Beiträge zum Fortschritt der Polymerwissenschaft leisten wollen, die in loser Folge erscheinenden Symposiumsbände als Reihe zu erwerben trachten.

Der 4. Band dieser Reihe mit den Plenar- und Hauptvorträgen von Brüssel (1967), für den das zuvor Überlegte gleichermaßen gilt, enthält folgende 15 Beiträge:

H. F. Mark (Brooklyn, N.Y. USA): „Synthetische Polymere in der Medizin"; *A. Katchalski* (Rehovot, Israel): „Thermodynamische Behandlung des Membrantransports"; *I. Sakurada* (Kyoto, Japan): „Einige grundsätzliche Aspekte von Polymerreaktionen"; *C. E. H. Bawn* (Liverpool,

UK): „Neue Polymerisationsmethoden"; *V. A. Kargin* (Moskau, UdSSR): „Struktur von Polymermolekülen und übermolekulare Strukturen"; *H. P. Gregor* (Brooklyn, N.Y., USA): „Ionenaustauschermembranen-Korrelation zwischen Struktur und Funktion"; *C. S. Marvel* (Tucson, Arizona, USA): „Thermisch stabile Polymere"; *S. Krimm* (Ann Arbor, Mich., USA): „IR-Spektroskopie und Polymerstruktur"; *N. Grassie* (Glasgow, Schottland, UK): Polymerabbau und ESR-Spektroskopie"; *P. Rempp* (Strasbourg, Frankreich): „Synthese und neue Strukturen von Polymeren"; *F. A. Bovey* (Murray Hill, N.J., USA): „NMR- und optische Untersuchungen der Polypeptidkettenkonformation"; *R. C. Schulz* (Mainz, BRD): „Über neue chemische Reaktionen von Polymeren"; *A. Mizote* et al. (Kyoto, Japan): „Kationische Polymerisation von α,β-disubstituierten Olefinen"; *P. Pino* et al. (Pisa, Italien): „Optische Aktivität und optische Rotationsdispersion synthetischer Polymerer"; *A. A. Berlin* (Moskau, UdSSR): „Fortschritte und Tendenzen der Chemie von Polymeren mit konjugierten Systemen".

G. Reinisch

Patentschau

Auszug aus der Lieferung 21/22/1969 der Patentschau „Faserstoffe und Textiltechnik", Ausgabe A: Faserstoffe einschl. Kunststoffe und organ. Grundsubstanzen, zusammengestellt von der Abteilung Wissenschaftliches Berichtswesen des Instituts für Faserstoff-Forschung der DAW, 153 Teltow-Seehof, Kantstr. 55

Die Patentschau ist nach der deutschen Patentklasseneinteilung gegliedert. Es bedeuten: DDP = DDR-Patent; DBP = Deutsches Bundespatent; DAS = (West)-Deutsche Auslegeschrft; DOS = (West)-Deutsche Offenlegungsschrift; OeP = Österreichisches Patent; PoP = Polnisches Patent; SzP = Schweizer Patent; FrP = Französisches Patent; GBP = Britisches Patent; JaP = Japanisches Patent; SvP = Schwedisches Patent; SUP = Sowjetisches Patent; ČSP = Tschechoslowakisches Patent; USP = Amerikanisches Patent; A = Anmeldedatum, B = Tag der Ausgabe der Patent- bzw. Auslegeschrift.

Klasse 12 o, 6. Synthetische Derivate der Kohlenhydrate u. dgl., z. B. Celluloseester, auch Viscose

DDP 68493. Verfahren zur Herstellung von Estern der Cellulose mit einwertigen Alkansäuren. Erf. u. Inh.: *Kurt Thinius* Leipzig u. *Gerhard Naundorf*, Leipzig. A. 27. 7. 69, B. 20. 8. 69. Int. Kl.: C 08b. A.-Z.: WP 12o/118994.

Klasse 12 o, 14. Aromatische Carbonsäuren und Harzsäuren (teilweise)

DDP 68500. Verfahren zur Herstellung von Dialkylterephthalaten durch Abbau von Abfällen. Erf.: *Johannes Heinze, Wolfgang Kühnpast, Helmut Ramm* u. *Hans Richardt.* Inh.: *Barbara Heinze, Wolfgang Kühnpast, Helmut Ramm* u. *Hans Richardt.* A. 29. 9. 67, B. 20. 8. 69. Int. Kl.: C 07c. A.-Z.: WP 12 o/127465.

USP 3445504 Zus. z. Pat. m. A.-Z.: 152029. A. 13. 11. 61. Stabilisierte Terephthalatkompositionen. Erf.: *Paul J. Mehalso.* Inh.: Standard Oil Co., Chicago, Ill. A. 26. 1. 65, B. 20. 5. 69. Kl.: 260-475, Int. Kl.: C 07c 69/82, 149/36 u. C 07f 9/08. 5 Anspr. A.-Z.: 428249.

Klasse 12 o, 21. Carbonsäuren mit ungesättigter Atomkette, z. B Zimtsäure (teilweise)

DOS 1468879. Verfahren zur Herstellung von Acrylsäurenitril und Methacrylsäurenitril. Erf.: *Wilhelm Gruber.* Anm.: Röhm & Haas GmbH, Darmstadt. A. 1. 8. 64, O. 8. 5. 69. Kl.: 12 o, 21. A.-Z.: P 1468879 (R 38509). Entspr. SzP 454118, FrP 1441936 u. USP 3426061.

USP 3449400. Herstellung von Acrylnitril. Erf.: *Robert J. Evans* u. *Keith M. Taylor.* Inh.: Monsanto Co., St. Louis, Mo. A. 27. 12. 66, B. 10. 6. 69. Kl.: 260-465, 9, Int. Kl.: C 07c 121/02 u. 121/32. 9 Anspr. A.-Z.: 604605.

Klasse 12 p, 5. Stickstoffringe der heterocyclischen Reihe mit einem Stickstoffatom. Sonstige Ringe mit einem Stickstoffatom.....; Lactame..... (teilweise)

OeP 276342. Verfahren zur Herstellung von Lactamen aus Cycloalkanen. Inh.: Stamicarbon N. V., Heerlen (Nd). A. 18. 12. 67, B. 15. 3. 69. Kl.: $12e_1$, 13. A.-Z.: 11391/67. Prior.: 16. 12. 66 (Nd).

SzP 477446. Verfahren zur Herstellung von Lactamen. Erf: *Johan Willem Garritsen.* Inh.: Stamicarbon N. V., Heerlen, van der Maesenstraat 2, (Nd). A. 23. 5. 67. Int. Kl.: C 07d 41/00. A.-Z.: 7230/67. Prior.: 28. 5. 66 (Nd; A.-Z.: 6607466). Entspr. FrP 1524636.

USP 3449326. Verfahren zur Herstellung von Lactamen. Erf.: *Anthony N. Naglieri* u. *Charles N. Winnick.* Inh.: Halcon International, Inc. A. 4. 11. 66, B. 10. 6. 69. Kl.: 260-239, 3, Int. Kl.: C 07d 41/04 u. 41/00. 9 Anspr. A.-Z.: 591981.

Klasse 29a. Mechanische Gewinnung von Gespinstfasern.

DOS 1435700. Verfahren zum Spinnen von feinem Viskosereyongarn mit hoher Geschwindigkeit. Erf.: *Hideo Hata, Hitoshi Tonami, Ryuichiro Koide* u. *Yamaguchi Iwakuni.* Anm.: Teikoku Jinzo Kenshi Kabushiki Kaisha, Osaka (Ja). A. 22. 5. 62, O. 20. 2. 69. Kl : 29a, 6/01. A.-Z.: P 1435700 (T 22158). Prior.: 23. 5. 61 (Ja; A.-Z.: 18363). Entspr. USP 3219740.

USP 3448572. Anordnung in einer Fadenbehandlungsvorrichtung zum Führen des Fadens durch diese Vorrichtung. Erf. u. Inh.: *Teuvo Meronen*, Porttikuja 6, Helsinki 94 (Fi). A. 26. 10. 67, B. 10. 6. 69. Kl.: 57-106, Int. Kl.: D 01h 13/04, 13/26 u G 03b 1/56. 4 Anspr. A.-Z.: 678271. Prior.: 22. 9. 67 (Fi; A.-Z.: 2538/67).

USP 3449485. Verfahren zum Recken von Polyacrylnitril enthaltenden Faserstoffen. Erf.: *Roberto Maria Costa* u. *Franco Codignola.* Inh.: Italiana Resine S. p. A., Mailand (It). A. 1. 5. 67, B. 10. 6. 69. Kl.: 264-182, Int. Kl.: D 01d 5/06 u. D 01f 7/00. 5 Anspr. A.-Z.: 634874. Prior.: 3 5. 66 (It; A.-Z.: 10083/66). Entspr. FrP 1521917.

USP 3444682. Kabelbehandlung zur Herstellung von Hochbauschgarn. Erf.: *Ezio Polacco* u. *Francesco Denti.* Inh.: ACSA — Applicazioni Chimiche S. p. A., Mailand (It). A. 9. 8. 66, B. 20. 5. 69. Kl.: 57-140. Int. Kl.: D 02g 3/02 u. D 01d 5/20. 10 Anspr. A.-Z.: 571299. Prior.: 10. 8. 65 (It; A.-Z.: 18198/65). Entspr. SzP 456024, FrP 1488021 u. GBP 1155141.

DDP 68329. Kunststoffmonofil und Verfahren zu seiner Herstellung. Erf. u. Inh.: *René Vermaelen*, Aarschot (Be). A. 28. 12. 67, B. 5. 8. 69. Int. Kl.: D 01d. A.-Z.: 29a/129321. Prior.: 29. 12. 66 (Be; A.-Z.: 691957).

USP 3458615. Hydrodynamisch zentrierende Spinndüse für Kern/Mantel-Fäden. Erf.: *Chester Griswold Bragaw jr.* u. *Robert Latham Washburn.* Inh.: E. I. du Pont de Nemours & Co., Wilmington, Del. A. 18. 4. 67, B. 29. 7. 69. Kl.: 264-171, Int. Kl.: B 29f 3/10. 10 Anspr. A.-Z.: 631718. Entspr. FrP 1560859.

SzP 476876. Vorrichtung zur Dampfabsaugung an einer Fadenumlenkrolle einer beheizten Fixier- oder Relaxiervorrichtung. Erf.: *Armin Wirz.* Inh.: Maschinenfabrik Rieter AG, Winterthur. A. 9. 11. 68, Int. Kl.: D 02j 13/00 u. D 02j 1/22. A.-Z.: 16776/68.

DOS 1435727. Halte- und Bremsvorrichtung für Drallgeber an Falschdrall-Maschinen. Erf.: *Edgar Brodtmann* u. *Hans Schöndelen.* Anm.: Kunstseiden AG, 5600 Wuppertal. A. 18. 3. 60, O. 20. 2. 69. Kl.: 29a, 6/20. A.-Z.: P1435727 (V 18289).

USP 3448500 Zus. z. Pat. m. A.-Z.: 551091. A. 18. 5. 66. Verfahren zum Texturieren von Fäden. Erf : *Gustav E. Benson.* Inh.: Owens-Corning Fiberglas Corp. A. 29. 12. 66, B. 10. 6. 69. Kl.: 28-72, Int. Kl.: D 02g 3/22. 6 Anspr. A.-Z.: 605700 u. A.-Z.: 551091 entspr. SzP 469110 u. FrP 1523024.

USP 3444587. Welle für die Luftstromkühlung von Faserstoffen, die aus einer polymeren Schmelze ersponnen werden. Erf. u. Inh.: *Lidia Mikhailovna Polovets*, ul. Aviatsii 26, kv. 3, *Valentina Ilinichna Belitschenko*, ul. Popudrenko 66, kv. 10 u. *Ljudmila Vasilievna Legut*, ul. Shevchenko 47, kv. 7, Chernigov (SU). A. 1. 3. 67, B. 20.5. 69. Kl.: 18-8. Int. Kl.: D 01f 7/06. 4 Anspr. A.-Z.: 619817.

GBP 1159216 Verfahren zur Herstellung von Fasern aus Filmen von thermoplastischen Polymeren. Inh.: Shell Internationale Research Maatschappij N. V. A. 27. 7. 67, B. 23. 7. 69. Kl.: B 5. B. Int. Kl.: D 01f 7/02. A.-Z.: 34534/67. Prior.: 29. 7. 66 (Nd; A.-Z.: 6610696). Entspr FrP 1542610.

USP 3454998. Vorrichtung und Verfahren zur Behandlung von Fäden. Erf.: *Fred B. Satterwhite.* Inh.: The Klinger Manufacturing Co. Ltd., London (GB). A. 8. 3. 66, B. 15. 7. 69. Kl.: 29-1, Int. Kl : D 02g 1/12. 33 Anspr. A.-Z.: 532642. Entspr. FrP 1535468.

Klasse 29b. Chemische Gewinnung bzw. Herstellung von Spinnfasern und Fäden sowie ihre Präparation für die textile Weiterverarbeitung

SzP 476861. Verfahren zur Herstellung eines flammfesten Celluloseregeneratfaserstoffes. Erf.: *Leonard E. A. Godfrey* u. *Franklin Towsnhip.* Inh.: FMC Corp., 1617 Pennsylvania Boulevard, Philadelphia (US). A. 19. 9. 69. Int. Kl.: D 01f 3/12. A.-Z.:13092/67.

USP 3445556. Verfahren zur Herstellung von geformten Gegenständen aus Cellulosepfropfcopolymeren. Erf.: *Joseph M. Kuzmak* u. *Joseph W. Schappel.* Inh.: FMC Corp., Philadelphia, Pa. A. 11. 5. 66, B. 20. 5. 69. Kl.: 264-195. Int. Kl.: D 01d 5/08 u. D 01f 3/28. 6 Anspr. A.-Z.: 549167.

GBP 1160188. Doppelrandseide mit niedrigem Schrumpf. Inh.: E. I. du Pont de Nemours & Co. A. 30. 5. 68, B. 30. 7. 69. Kl.: B 5. B. Int. Kl.: D 01f 7/04. A.-Z.: 26020/68.

DOS 1494640. Verfahren zur Herstellung von Synthesefäden aus Polyvinylalkohol mit ausgezeichneten Eigenschaften. Erf.: *Kenichi Tanabe* u. *Tadao Ashikaga.* Inh.: Kurashiki Rayon Co. Ltd., Kurashiki City (Ja). A. 7. 1. 64, O. 24. 4. 69. Kl.: 29b, 3/65. A.-Z.: P 1494640 (K 51792). Prior.: 7. 1. 63 (Ja; A.-Z.: 682/63). Entspr. FrP 1385734, GBP 1074328 u. USP 3365527.

DOS 1494635. Fäden und Formkörper aus einem Gemisch hochmolekularer Stoffe. Erf.: *Osamu Fukushima* u. *Hiroshi Hayanami.* Anm.: Kurashiki Rayon Co. Ltd., Kurashiki City (Ja). A. 29. 7. 63, O. 24. 4. 69. Kl.: 29b, 3/70 (39b 5, 41/04). A.-Z.: P 1494635 (K 50372). Prior.: 28. 7. 62, 19. 9. 62, 26. 10. 62, 3. 12. 62, 12. 3. 63, 27. 3. 63 (Ja; A.-Z.: 31891/62, 40345/62, 47685/62, 54471/62, 11411/63, 15529/63 u. 47686/62). Entspr. FrP 1384614, GBP 1058416 u. USP 3330899.

JaP 2511/69. Herstellung von Kohlenstoff- oder Graphitfaserstoff. Inh.: Kureha Chem. Ind. Co. Ltd. A. 29. 11. 66, B. 3. 2. 69. Kl.: 42E. A.-Z.: 77760/66. Entspr. FrP 1548739.

USP 3449059. Verfahren zur gezielten Verbesserung der mechanischen Eigenschaften von hochfesten Viskoseseiden, die zur Verstärkung von Gegenständen aus Kautschuk oder Kunststoff dienen. Erf.: *Pietro Tono.* Inh.: Algemene Kunstzijde Unie N. V., Arnhem (Nd). A. 21. 6. 63, B. 10. 6. 69. Kl.: 8-116, 4. Int. Kl.: D 06m 13/12. 6 Anspr. A.-Z.: 289613. Prior.: 14. 7 62 (It; A.-Z.: 14359/62).

Klasse 32a, 37/00. Herstellung von Fasern oder Fäden aus flüssigem Glas, flüssigen Mineralien oder flüssiger Schlacke

SzP 476647. Insbesondere für Glasfasern geeignetes Glas und Verwendung desselben zur Herstellung von Glasfasern. Erf. u. Inh.: *Guido von Wranau*, 247 East 9th Street, Plainfield u. *Charles John Philtips*, 550 Blue Ridge Avenue, New Market (US). A. 9. 4. 63. Int. Kl.: C 03c 3/04 u. C 03b 37/02. A.-Z.:4529/63.

USP 3449137. Feuerfeste Faserstoffe für den Einsatz bis 2700°F. Erf.: *Wendelt Graydon Ekdahl.* Inh.: Johns-Manville Corp., New York, N. Y. A. 13. 10. 65, B. 10. 6. 69. Kl.: 106-50. Int. Kl.: C 03c 13/00. 12 Anspr. A.-Z.: 495469. Entspr. FrP 1496457.

Klasse 32b. Chemische Zusammensetzung von Gläsern, Glasuren oder Emails; Oberflächenbehandlung von Glas; Verbinden von Glas mit Glas oder anderen Stoffen

DOS 1494869 Zus. z. Anm. 1494868. Geschlichtetes Glasfasermaterial. Erf.: *Hugo Streib* u. *Wilhelm Hechelhammer.* Anm.: Farbenfabriken Bayer AG, Leverkus.en A. 29. 11. 63, O. 20. 2. 69. Kl.: 32b, 25/02. A.-Z.: P 1494869 (F 41418). Entspr. FrP 1402702 u. USP 3408225.

Klasse 39b. Makromolekulare Verbindungen; ihre Herstellung und chemische Verarbeitung; Massen auf der Grundlage derartiger Verbindungen

Klasse 39b1. Polysaccharide und deren Derivate

USP 3455901. Trocknungsverfahren für Celluloseester niedriger Viskosität. Erf.: *Carlton L. Crane*. Inh.: Eastman Kodak Co., Rochester N. Y. A. 29. 5. 67, B. 15. 7. 69. Kl.: 260–230. Int. Kl.: C 08b 3/22, 21/02 u. C 09j 3/04. 5 Anspr. A.-Z.: 642203.

Klasse 39b3. Synthesekautschuk

USP 3449200. Produkt und Verfahren zur Herstellung von zusammengesetzten Polyestertextil/Kautschuk-Produkten. Erf.: *Edward F. Kalafus* u. *Richard M. Wise*. Inh.: The General Tire & Rubber Co. A. 5. 10. 65, B. 10. 6. 69. Kl.: 161-92. Int. Kl.: B 32b 25/08, C 09j 3/14 u. 5/02. 13 Anspr. A -Z.: 493118.

Klasse 39b4. Polymerisationsprodukte

SzP 477482. Verfahren zur Entnahme einer Suspension von Olefinpolymeren aus einem kontinuierlich arbeitenden Reaktor und Vorrichtung zur Durchführung dieses Verfahrens. Erf.: *Felix Bloyaert*. Inh.: Solvay & Cie (Soc. An), Brüssel, rue du Prince Albert 33 (Be). A. 19. 2. 68. Int. Kl.: C 08f 1/06, C 08f 1/98. A.-Z.: 2388/68. Prior.: 20. 3. 67 (Be; A.-Z.: 695770).

FrP 1577336. Verfahren und Vorrichtung zum Abziehen einer olefinischen Polymersuspension aus einem kontinuierlich arbeitenden Reaktor. Inh.: Solvay et Cie. A. 4. 3. 68, B. 8. 8. 69. Int. Kl.: C 08f. A.-Z.: 143858 Prior.: 20. 3. 67 (Be; A.-Z.: 41257). Entspr. GBP 1147019.

FrP 94165 Zus. z. Pat. 1492940 (Aj.). Neues Polymerisationsinitiatorsystem für Monomere, die eine olefinische Doppelbindung aufweisen, sowie dieses System anwendendes Polymerisationsverfahren. Inh.: Société des Usines Chimíques Rhône-Poulenc. A. 2. 11. 67, B. 11. 7. 69. Int. Kl.: C 08f. A.-Z.: 126793.

USP 3450795. Zus. z. Pat. m. A.-T.: 266188. A. 19. 3. 63. Neue Copolymere und Verfahren zu ihrer Herstellung. Erf.: *Arthur W. Langer jr.* Inh.: Esso Research and Engineering Co. A. 19. 2. 65, B. 17. 6. 69. Kl.: 260-878. Int. Kl.: C 08f 1/28, 15/22 u. 15/04. 13 Anspr. A.-Z.: 434103. A.-Z.: 266188 vgl. auch USP 3451988; entspr. FrP 1425276 u. GBP 1051269.

USP 3455890. Katalysator für die Olefinpolymerisation. Erf.: *Edmund B. Davidson*. Inh.: Esso Research and Engineering Co. A. 18. 11. 64, B. 15. 7. 69. Kl.: 260-85, 3. Int. Kl.: C 08f 1/34. 15 Anspr. A.-Z.: 412247.

USP 3445443. Verfahren zur Herstellung von Polyolefinen mit einem Übergangsmetall/Organoaluminiumverbindung-Katalysator. Erf.: *Juntaro Sasaki*, *Toshio Senoue* u. *Tadaichi Tokuzumi*. Inh.: Mitsui Petrochemical Industries Ltd., Tokio (Ja). A. 15. 3. 65, B. 20. 5. 69. Kl.: 260-93, 7. Int. Kl.: C 08f 1/42. 5 Anspr. A.-Z.: 439933. Prior.: 24. 3. 64 (Ja; A.-Z.: 39/15898, JaP 29591/68. Entspr. FrP 1427485 u. GBP 1078855.

USP 3450682. Verfahren zur Herstellung von kristallinen Hochpolymeren von Olefinen. Erf.: *Juntaro Sasaki*, *Tadaichi Tokuzumi* u. *Toshio Senoue*. Inh.: Mitsui Petrochemical Industries Ltd., Tokio (Ja). A. 9. 11. 64, B. 17. 6. 69. Kl.: 260-80, 78. Int. Kl.: C 08f 1/42, 15/04 u. 15/40. 6 Anspr. A.-Z.: 409931. Prior.: 14. 11. 63 u. 24. 3. 64 (Ja; A.-Z.: 38/60895 u. 39/15897. A.-Z.: 60895, JaP 29589/63. Entspr. Fr P1413763 u. GBP 1078854.

SzP 476767. Verfahren zur Polymerisation von Vinylmonomeren unter Strahlungseinwirkung. Erf.: *John Beckmann*. Inh.: Hughes Aircraft Co., Centinela and Teale Street, Culver City (US). A. 16. 6. 67. Int. Kl.: C 08f 1/62. A.-Z.: 8609/67.

DDP 68631. Verfahren zur Verengung des Kornspektrums bei der Polymerisation. Erf. u. Inh.: *Friedrich Wolf*, *Hans-Joachim Mallon* u. *Hans Reuter*. A. 8. 5. 68, Bl. 20. 8. 69. Int. Kl.: 3 08d. A.-Z.: WP 39c/132003.

FrP 1573814. Verfahren zur Polymerisation von Isobutylen und zu diesem Zweck geeignete katalytische Komposition. Inh.: Nippon Oil Co. Ltd. A. 25. 8. 65, B. 11. 7. 69. Int. Kl.: C 08f. A.-Z.: 29457. Prior.: 25. 8. 64 (Ja; A.-Z.: 47810/64, JaP 13051/68. Entspr. GBP 1056730 u. USP 3402164.

SzP 476769. Verfahren zum Homopolymerisieren von Maleinsäureanhydrid. Erf.: *Jim Smither Berry*. Inh.: The Procter & Gamble Co., 301 East Sixth Street, Cincinnati, Ohio (US). A. 18. 4. 67. Int. Kl.: C 08f 3/48. A.-Z.: 5438/67.

SUP 244615 (Urheberschein). Verfahren zur Herstellung von Copolymeren auf der Basis von Vinylacetat. Erf.: *A. F. Nikolaev*, *A. M. Toropceva*, *L. M. Bereslavskij*, *R. B. Mandel'*, *M. K. Fruchtbejn*, *T. Ju. Verchogljadova*, *V. L. Trizno*, *V. N. Kučin*, *N. G. Sitnikov* u. *M. D. Lerman*. Anm.: Leningradskij technologičeskij Institut Im. Lensoveta. A. 3. 6. 68, B. 28. 5. 69. Kl.: 39c, 25/01, Int. Kl.: C 08f. A.-Z.: 1247176/23-5.

DDP 68076. Verfahren zur kontinuierlichen Herstellung von weitgehend monomerfreien verformbaren Lösungen des Polyacrylnitrils oder seiner Copolymeren. Erf.: u. Inh.: *Eberhard Roth*, Premnitz u. *Hans-Joachim Kröning*, Premnitz. A. 13. 10. 67, B. 20. 7. 69. Kl.: 30c, 25/01. A.-Z.: WP 39c/127722 .

OeP 276750. Verfahren zur Herstellung von gefärbten Polymeren. Erf.: *Grégoire Kalopissis* u. *André Viout*. Inh.: L'Oréal, Paris. A. 10. 1. 67, B. 15. 3. 69. Kl.: 39b, 14. A.-Zl: 229/67. Prior.: 10. 1. 66 (Lu).

SzP 477483. Verfahren zur Herstellung von neuartigen gefärbten Polymeren. Erf.: *Grégoire Kalopissis* u. *André Viout*. Inh.: L'Oreal, Paris 8e, Rue Royale 14 (Fr). A. 28. 12. 66. Int. Kl.: C 08f 7/00 u. C 08f 19/00. A.-Z.: 18468/68. Prior.: 10. 1. 66 u. 14. 6. 66 (Lu; A.-Z.: 50228 u. 51325).

DOS 1520288 Zus. z. Anm. 1237323. Verfahren zur Herstellung von Olefincopolymeren. Erf.: *Alberto Valvassori*, *Renato Serra* u. *Guido Sartori*. Anm.: Montecatini Soc. Gen. per l'Industria Mineraria e Chimica, Mailand (It). A. 25. 2. 63, O. 20. 2. 69. Kl.: 39b4, 15/04. A.-Z.: P 1520388 (M 55892). Prior.: 27. 2. 62 (It; A.-Z.: 3979). Entspr. SzP 452899, FrP 83120, GBP 985594 u. USP 3369011.

FrP 1574734. Verfahren zur Herstellung von Copolymeren auf der Basis von Vinylchlorid und Olefinkohlenwasserstoffen. Erf.: *J. Chatelain*. Inh.: Produits Chimiques Pechinex-Saint-Gobain. A. 5. 3. 68, B. 18. 7. 69. Int. Kl.: C 08f. A.-Z.: 142369.

DOS 1495309 Zus. z. Anm. 1495222. Verfahren zur Polymerisation von Vinylchlorid. Erf.: *Georgette Steinbach* u. *Nicole Michallet*. Anm.: Compagnie de Saint-Gobain, Neuilly-sur-Seine, Seine (Fr). A. 3. 7. 63, O. 20. 2. 69. Kl.: 39b4, 15/30. A.-Z.: P 1495309 (C 30435).

DOS 1520295. Neue Copolymere und Verfahren zu ihrer Herstellung. Erf.: *Giulio Natta*, *Giorgio Mazzanti*, *Alberto Valvassori*, *Guido Sartori* u. *Vittorio Turba*. Anm.: Montecatini Soc. Gen. per l'Industria Mineraria e Chimica, Mailand (It). A. 13. 4. 63, O. 20. 2. 69. Kl.: 39b4, 19/00. A.-Z.: P 1520295 (M 56492). Prior.: 18. 4. 62 (It; A.-Z.: 7639). Entspr. SzP 442759 u. GBP 1022755.

DOS 1495706. Verfahren zur Herstellung von vernetzten Polymerisaten. Erf.: *Alfred Kühlkamp*, *Leonhard Bütschli†* u. *Johann Zimmermann*. Anm.: Farbwerke Hoechst AG vorm. Meister Lucius & Brüning, Frankfurt-Hoechst. A. 11. 1. 63, O. 8. 5. 69. Kl.: 39b4, 27/08. A.-Z.: P 1495706 (F 38751). Entspr. FrP 1379423 u. GBP 1037131.

USP 3445440. Hydroxyalkyl-quaternäre Ammoniumäther als antistatische Mittel. Erf.: *Peter Vincent Susi* u. *Frank Joseph Arthen jr.* Inh.: American Cyanamid Co., Stamford, Conn. A. 15. 10. 65, B. 20. 5. 69. Kl.: 260-39, 5. Int. Kl.: C 08f 29/18, 29/04 u. C 07c 91/26. 7 Anspr. A.-Z.: 496705. Entspr. FrP 1500464 u. GBP 1152947.

SzP 476774. Vinylchloridzusammensetzungen. Erf. u. Inh.: *Harold Verity Smith*, Villa en Genevroz, La Conversion. A. 4. 8. 64. Int. Kl.: C 08f 29/24. A.-Z.: 10175/64.

SUP 245356 (Urheberschein). Verfahren zur Stabilisierung von Polymeren des 3.3-Bis-(chlormethyl)-oxacyclobutan. Erf.: *S. S. Chin'kis*, *F. M. Egidis*, *A. T. Emel'fanova*, *E. N. Matveeva* u. *I. V. Kochanova*. A. 24. 7. 67, B. 4. 6. 69. Kl.: 39b, 22/06. Int. Kl.: C 08f. A.-Z.: 1174848/23-5.

USP 3458471 Zus. z. Pat. m. A.-Z.: 341614. A. 31. 1. 64; u. Pat. m. A.-Z.: 293823. A. 9. 7. 63. Stabilisierte Poly-α-olefinkompositionen. Erf.: *Gregory J. Listner*. Inh.: Johnson & Johnson. A. 19. 7. 67, B. 29. 7. 69. Kl.: 260-45, 75. Int. Kl.: C 08f 45/58 u. 45/60. 9 Anspr. A.-Z.: 654434. A.-Z.: 341614 entspr. DAS 1286747 u. GBP 1068807.

SzP 476778. Verfahren zur Herstellung von geformten Gegenständen auf Elastomerenbasis und die nach diesem Verfahren erhaltenen geformten Gegenstände. Erf.: *Angioletti Attilio*. Inh.: Pirelli Società per Azioni, Centro Pirelli, Piazza Duca d'Aosta, 3 Mailand (It). A. 28. 5. 63. Int. Kl.: C 08f 47/12. A.-Z.: 6626/63. Prior.: 6. 6. 62 (It; A.-Z.: 11189/62). Entspr. GBP 1004191.

Klasse 39b5. Polykondensations- und Polyadditionsprodukte

USP 3458479. Verfahren zur Polymerisation von gasförmigem Formaldehyd. Erf.: *Luigi Lugo* u. *Cesare Reni*. Inh.: Societa Italiana Resine S. p. A., Mailand (It). A. 31. 3. 67, B. 29. 7. 69. Kl.: 260-67. Int. Kl.: C 08g 1/02. 4 Anspr. A.-Z.: 627362. Prior.: 2. 4. 66 (It; A.-Z.: 7510/66). Entspr. FrP 1517376.

OeP 276760. Verfahren zur Herstellung eines Polyamides. Inh.: E. I. du Pont de Nemours and Co., Wilmington (US). A. 24. 8. 65, B. 15. 3. 69. Kl.: 39b, 21. A.-Z.: 7774/65.

GBP 1159151. Kontinuierliche Polymerisation von Polyamiden. Inh.: Imperial Chemical Industries Ltd. A. 22. 4. 66, B. 23. 7. 69. Kl.: C 3. R, Int. Kl.: C 08g 20/02. A.-Z.: 17729/66. Entspr. FrP 1520190.

DOS 1495848. Verfahren zur Herstellung von Polyamiden. Erf.: *Karl-Heinz Hermann* u. *Hermann Schnell*. Anm.: Farbenfabriken Bayer AG, Leverkusen. A. 10. 12. 64, O. 8. 5. 69. Kl.: 39b5, 20/10. A.-Z.: P 1485848 (F 44663). Entspr. SzP 462465, FrP 1457827 u. GBP 1132448.

DOS 1495219. Verfahren zum Polymerisieren von Caprolactam. Erf.: *James Lincoln* u. *Kenneth Darling Grice*. Anm.: British Celanese Ltd., London. A. 11. 12. 64, O. 20. 2. 69. Kl.: 39b5, 20/12. A.-Z.: P 1495219 (B 79715). Prior.: 13. 12. 63 u. 6. 4. 64 (GB; A.-Z.: 49268 u. 14072, A.-Z.: 49268 entspr. GBP 1102522.

USP 3445459 Zus. z. Pat. m. A.-Z.: 185537. A. 6. 4. 62. ε-Caproimidpyridazine. Erf.: *Edward W. Pietrusza* u. *Rudolph Pinter*. Inh.: Allied Chemical Corp., New York, N. Y. A. 4. 4. 66, B. 20. 5. 69. Kl.: 260-239, 3. Int. Kl.: C 07d 57/22, 41/06 u. C 08g 20/12. 2 Anspr. A.-Z.: 539720. A.-Z.: 185537, vgl. auch USP 3250750; entspr. DOS 1495017, SzP 438726 u. GBP 1022752.

USP 3450679 Zus. z. Pat. m. A.-Z.: 264711. A. 12. 3. 63. Verfahren zur Polymerisation von Caprolactam. Erf.: *Jan van Bergeijk*. Inh.: American Enka Corp., Enka, N. C. A. 28. 6. 66, B. 17. 6. 69. Kl.: 260-78, Int. Kl.: C 08g 20/12. 4 Anspr. A.-Z.: 561044. Prior.: 21. 3. 62 (Nd; A.-Z.: 276218). Entspr. GBP 986506.

DOS 1420540. Verfahren zur Herstellung von Polykondensaten. Erf.: *Keizoh Ueda*, *Bunji Fukuda*, *Hiroshi Mikami* u. *Tsuneo Okawara*. Anm.: Kanegafuchi Spinning Co., Ltd., Tokio. A. 6. 8. 59, O. 20. 2. 69. Kl.: 39b5, 20/20. A.-Z.: P 1420540 (K 38393). Prior.: 8. 8. 58, 12. 6. 59 u. 16. 6. 59 (Ja; A.-Z.: 22502, 19072 u. 19635). Entspr. SzP 456146.

DOS 1495823. Verfahren zur Herstellung von in organischen Lösungsmitteln löslichen Polyimiden. Erf.: *Gerhard Müller*, *Rudolf Merten*, *Willi Dünnwald* u. *Karl-Heinz Mielke*. Anm.: Farbenfabriken Bayer AG, Leverkusen. A. 21. 7. 64, O. 8. 5. 69. Kl.: 39b 5, 20/32. A.-Z.: P 1495823 (F 43517). Entspr. SzP 463109 u. FrP 1441930.

GBP 1162203. Herstellung von Polyamidsäuren und Polyimiden. Inh.: National Research Development Corp. A. 6. 4. 66, B. 20. 8. 69. Kl.: C 3. R, Int. Kl.: C 08g 20/32. A.-Z.: 15292/66. Entspr. FrP 1550077.

DOS 1495849 Zus. z. Anm. 1495763. Verfahren zur Herstellung von vernetzten Polyurethan-Elastomeren. Erf.: *Wolfgang Heydkamp*, *Erwin Müller*, *Cornelius Mühlhausen* u. *Kurt Genski*. Anm.: Farbenfabriken Bayer AG, Leverkusen. A. 12. 12. 64, O. 8. 5. 69. Kl.: 39b5, 22/00. A.-Z.: P 1495849 (F 44691). Entspr. FrP 89182.

USP 3450673. Polyurethankompositionen aus Diaminimiden. Erf.: *William J. McKiltip*. Inh.: Ashland Oil & Refining Co., Ashland, Ky. A. 7. 9. 65, B. 17. 6. 69. Kl.: 260-75, Int. Kl.: C 08g 22/32. 16 Anspr. A.-Z.: 485528. Entspr. FrP 1490348.

SUP 244612 (Urheberschein). Verfahren zur kontinuierlichen Herstellung von Polyoxyalkylenpolyolen. Erf.: *T. N. Gricenko*, *A. V. Simenido* u. *V. I. Karcovnik*. A. 31. 1. 63, B. 28. 5. 69. Kl.: 39c, 18, Int. Kl.: C 08f. A.-Z.: 950323/23-5.

USP 3450665. Polyoxymethylenkompositionen. Erf.: *Herman L. Wagner* u. *George F. Hardy*. Inh.: Celanese Corp., New York, N. Y. A. 24. 5. 65, B. 17. 6. 69. Kl.: 260-37, Int. Kl.: C 08g 37/02. 8 Anspr. A.-Z.: 458424. Entspr. FrP 1480929.

DOS 1495842. Verfahren zur Herstellung von hochmolekularen vernetzten Polyamiden. Erf.: *Ernst Reichold* u. *Walter Böckmann*. Anm.: Farbenfabriken Bayer AG, Leverkusen. A. 31. 10. 64, O. 8. 5. 69. Kl.: 39b5, 41/00. A.-Z.: P 1495842 (F 44350). Entspr. SzP 461806, FrP 1450977 u. USP 3458481.

GBP 1162798. Polyamide. Inh.: Imperial Chemical Industries Ltd., u. British Titan Products Co. Ltd. A. 25. 11. 66, B. 27. 8. 69. Kl.: C 3. R, Int. Kl.: C 08g 41/02. A.-Z.: 52828/66. Entspr. FrP 1546070.

DOS 1494349. Verfahren zur Abtrennung eines amorphen Polymeren aus einer Lösung derselben. Erf.: *Cornelius Emile Petrus Valerius van den Berg*, *Gerardus Johannes Antonius Scheers* u. *Theodorus Pulles*. Anm.: Stamicarbon N V., Heerlen (Nd). A. 30. 3. 62, O. 8. 5. 69. Kl.: 39b7, 1/00. A.-Z.: P 1494349 (St 19031). Prior.: 30. 3. 61 (Nd; A.-Z.: 263131). Entspr. GBP 995276.

DOS 1494054. Verfahren zur antistatischen Ausrüstung hochmolekularer Verbindungen. Erf.: *Fritz Rochlitz, Dietrich Schleede* u. *Felix Schülde*. Anm.: Farbwerke Hoechst AG vorm. Meister Lucius & Brüning, Frankfurt-Hoechst. A. 18. 12. 62, O. 8. 5. 69. Kl.: 39b8, 1/44. A.-Z.: P 1494054 (F 38582). Entspr. FrP 1377805 u. GBP 1066017.

DOS 1520318. Verfahren zur Herstellung von Polymeren mit Polyesterstruktur. Erf.: *Gianfranco Pregaglia* u *Giancarlo Pozzi*. Anm.: Montecatini Soc. Gen. per l'Industria Mineraria e Chemica, Mailand (It). A. 18. 7. 63, O. 8. 5. 69. Kl.: 39 b5, 17/017. A.-Z.: P 1520318 (M 57540). Prior: 23. 7. 62 (It; A.-Z.: 14721). Entspr. FrP 1363739, GBP 982474 u. USP 3308097.

SzP 476782. Verfahren zum Polymerisieren von β-Lactonen. Erf.: *Josephus Hubertus van Deursen* u. *Arie Klootwijk*. Inh.: Shell Internationale Research Maatschappij N. V., Carel van Bylandtlaan 30, Den Haag (Nd). A. 21. 6. 67. Int. Kl.: C 08g 17/017. A.-Z.: 8809/67. Prior.: 23. 6. 66 (Nd; A.-Z.: 6608706). Entspr. FrP 1528350.

SUP 243829 (Urheberschein). Verfahren zur Herstellung von Polyestern. Erf.: *V. A. Vasnev, S. V. Vinogradova, T. I. Mitajšvili* u. *V. V. Koršak*. Anm.: Institut elementorganičeskich soedinenij AN SSSR. A. 28. 3.68, B. 14. 5. 69. Kl.: 39c, 16. Int. Kl.: C 08g. A.-Z.: 1229484/23-5

DOS 1495281. Verfahren zur Herstellung von thermoplastischen (cyclo)-aliphatischen Polycarbonaten. Erf.: *Wolfgang Seeliger* u. *Walter Stumpf*. Anm.: Chemische Werke Hüls AG, Marl. A. 5. 2. 63, O. 20. 2. 69. Kl.: 39b5, 17/13. A.-Z.: P 1495281 (C 29089). Entspr. FrP 1381007 u. GBP 1045211.

DDP 68075. Verfahren und Vorrichtung zur Herstelung von Polyamiden. Erf. *Helmut Vörrich, Karl-Heinz Hermann, Hermann Schnell* u. *Friedhelm Roederer*. Inh.: Farbenfabriken Bayer AG, Leverkusen. A. 29. 2. 68, B. 20. 7. 69. Kl.: 39c, 10. A.-Z.: AP 39c/130545.

DOS 1495805 Zus. z. Anm. 1495557. Verfahren zum Herstellen von Kunststoffen mit hoher Schmelzviskosität. Erf.: *Harl-Heinz Hermann* u. *Hermann Schnell*. Anm.: Farbenfabriken Bayer AG, Leverkusen. A. 23. 5. 64, O. 8. 5. 69. Kl.: 39b5, 20/02. A.-Z.: P 1495805 (F 42966). Entspr. SzP 431980, FrP 1410520, GBP 1024407 u. USP 3378532.

Klasse 42k, 50. Verfahren, Vorrichtungen und Maschinen zum Prüfen von Fasern, Fäden, Garnen, Geweben auf ihre mechanischen und Festigkeitseigenschaften, auf Spannungen, mechanische Unregelmäßigkeiten, Drall (Drehung), Porosität

DOS 1473346. Waschechtheitsprüfgerät. Erf.: *Karl Meyer*. Anm.: ABK Apparatebau Krefeld GmbH, Frefeld. A. 5. 10. 63, O. 14. 5. 69. Kl.: 42k, 50. A.-Z.: P 473346 (A 44228).

USP 3444728. Vorrichtung zur Messung der Dehnung von Gewebeprüflingen. Erf.: *Charles W. Burns*. Inh.: Hickory Fonndry & Machine Co., P. O. Box 724, Hickory, N. C. A. 14. 2. 67, B. 20. 5. 69. Kl.: 73-97, Int. Kl.: G 01n 3/28. 14 Anspr. A.-Z.: 616120.

Klasse 47k. Allgemein anwendbare Verfahren und Vorrichtungen zum Bewegen, Führen und Speichern, z. B. Wickeln von faden-, draht-, seil-, kabel-, schlauch-, band- oder bahnförmigem Gut

USP 3448570. Verfahren und Vorrichtung zum Aufnehmen von Fäden. Erf.: *Frederick L. Stoller*. Inh.: Phillips Petroleum Co. A. 2. 1. 68, B. 10. 6. 69, Kl.; 57-34, Int. Kl.: D 01h 13/26, 7/92 u. 7/46. 5 Anspr. A.-Z.: 694970.

USP 3449806. Vorrichtung zum Abwickeln. Erf.: *James A. Kerrigan* u. *Robert R. Morton*. Inh.: Leesona Corp., Warwick, R. I. A. 14. 2. 68, B. 17. 6. 69. Kl.: 29-19, Int. Kl.: D 03d 45/58. 19 Anspr. A.-Z.: 705400.

Klasse 55b. Verfahren zur Herstellung von Zellstoff, Zellstoffkocher, Wiedergewinnung der Ablaugen und Abgase

DOS 1517233. Verfahren zur Herstellung von Zellstoffen nach dem einstufigen Sulfitaufschlußverfahren. Erf.: *Heinz Haas* u. *Hans Zeitler*. Anm.: Zellstoffabrik Waldhof, 6800 Mannheim-Waldhof. A. 25. 6. 64. O. 24. 4. 69. Kl.: 55b, 1/20. A.-Z.: P 1517233 (Z 10935). Entspr. SzP 458912 u. FrP 1439496.

DOS 1517235 Zus z. Anm.: 1517233. Verfahren zur Herstellung von Zellstoffen nach dem Sulfitaufschlußverfahren. Erf.: *Heinz Haas, Hans Zeitler* u. *Alois Lurg*. Anm.: Zellstoffabrik Waldhof, 6800 Mannheim-Waldhof. A. 11. 6. 65, O. 14. 5. 69. K.: 55b, 1/20. A.-Z.: P 1517235 (Z 11587). Entspr. SzP 458912 u. FrP 1439496.

DOS 1517166. Verfahren zum Behandeln einer organische und anorganische Stoffe enthaltenden Ablauge. Erf.: *George Garnet Copeland* u. *John Edgar Hanway jr*. Anm.: Container Corp. of America, Chicago, Ill. (US). A. 3. 12. 63, O. 14. 5. 69. Kl.: 55b, 3/01. A.-Z.: P 1517166 (C 31567).

OeP 276923. Verfahren zur Abtrennung von Alkalicarbonatmonohydrat aus einer durch Auflösen des Verbrennungsrückstandes der Ablaugen aus der Zellstoffherstellung erhaltenen Lösung. Erf.: *Keiji R. T. Kiminki* u. *Lauri K. Keskinen*. Inh.: Oy Tampella AB, Heinola (Fi). A. 24. 5. 67, B. 15. 3. 69. Kl.: 55c, 5/10. A.-Z.: 4864/67. Prior.: 25. 5. 66 (Fi).

DOS 1517229. Verfahren zur Herstellung von Zellstoffen mit geringem Aschegehalt. Erf.: *Wilhelm Rehder*. Anm.: VEB Zellstoff- u. Zellwollewerke, Wittenberge. A. 22. 5. 65, O. 20. 2. 69. Kl.: 55b, 5/10. A.-Z.: P 1517229 (V 28533).

Literaturschau

Auszug aus Lieferung 3 und 4/1970 der Referatekartei „Faserstoffe und Textiltechnik", zusammengestellt von der Abteilung Wissenschaftliches Berichtswesen des Instituts für Faserstoff-Forschung der DAW, 153 Teltow-Seehof, Kantstr. 55

I. Wissenschaftliche Grundlagen

Allgemeines

(Untersuchungsmethoden u. a.)

Liebscher, W.: Probleme der Nomenklatur organischer Verbindungen. Mitteilungsbl. Chem. Ges. DDR **16** (1969) 12, S. 230–234.

Malone, C. P., Suchan, H. L., Yau, W. W.: Vakanzpermeationschromatographie. J. Polymer Sci., B: Polymer Letters **7** (1969) 11, S. 781–784.

Sharp, J. H., Wentworth, S. A.: Kinetische Analyse von thermogravimetrischen Daten. Analytic. Chem. **41** (1969) 14, S. 2060–2062.

Ross, S.: Blasen und Schaum. IEC. Ind. engng. Chem. **61** (1969) 10, S. 48 bis 57.

Physik und Chemie der Hochpolymeren

Gillespie, T., Hulme, M. A.: Über die Einpunktbestimmung der Viskositätszahl. J. appl. Polymer Sci. **13** (1969) 9, S. 2031–2032.

Danon, J., Derai, R.: Untersuchung des Verhaltens von statistischen Copolymeren von Styrol und Methylmethacrylat in verdünnten Lösungen. European Polymer J. **5** (1969) 5, S. 659–673.

Družinina, N. N., Pen'kova, M. P., Livšic, R. M., Rogovin, Z. A.: Abhängigkeit der rheologischen Eigenschaften von Pfropfcopolymerisatlösungen von der Länge und Anzahl der Pfropfketten. Chim. Volokna (Chem. Fasern) (1969) 6, S. 18–20.

Petropoulos, J. H., Roussis, P. P.: Anomale Diffusion von guten und schlechten Lösungsmitteln oder Quellungsmitteln in amorphe Polymere. J. Polymer Sci., C.: Polymer Symposia (1969) 22, Teil 2, S. 917–926.

Dankovics, A., Erdélyi, J., Koltai, M.: Kinetische Untersuchung des Systems Cellulose/Propylen in Gegenwart von Ziegler/Natta-Katalysatoren. J. appl. Polymer Sci. **13** (1969) 9, S. 1809–1824.

Hughes, O. R., Coard, L. C.: Entstehung von Radikalen in Polyoxymethylen durch Ultraviolettphotolyse. EPR-Untersuchung. J. Polymer Sci., A-1: Polymer Chem. **7** (1969) 7, S. 1861–1872.

Polcin, J., Rapson, W. H.: Spektrophotometrische Untersuchung von Holzchromophoren in situ. I. Verfahren der differentiellen (K/S) λ-Kurven im Hinblick auf Bleiche und Farbumkehrung. II. Bestimmung des Ligninabsorptionsspektrums aus Remissions- und Reflexionsmessungen. III. Bestimmung des Ligninspektrums nach dem Verfahren des „Verdünnens" mit Baumwolle. Tappi, New York **52** (1969) 10, S. 1960–1965; 1965–1970; 1970–1974.

Koenig, J. L., Cornell, S. W.: Charakterisierung von einachsig gestrecktem Polyäthylenterephthalat durch IR-Polarisationsspektroskopie. J. Polymer Sci., C: Polymer Symposia (1969) 22, Teil 2, S. 1019–1030.

Tosi, C., Corradini, P., Valvassori, A., Ciampelli, F.: Bestimmung der Sequenzverteilung und der statistischen Verteilungszustände in Copolymeren durch IR-Spektroskopie. J. Polymer Sci., C: Polymer Symposia (1969) 22, Teil 2, S. 1085–1092.

Lee, W. M., McGarvey, B. R., Eirich, F. R.: KMR-Untersuchung von fluorierten Acrylpolymeren. J. Polymer Sci., C: Polymer Symposia (1969) 22, Teil 2, S. 1197–1206.

Eaton, W. C., Keighley, J. H.: Eine Untersuchung von Wolle, mit Lösungsmitteln und Hitze behandelt, durch die Elektronenspin-Resonanzspektroskopie. J. Textile Inst. **60** (1969) 12, S. 556–558.

Pelyj, V. A., Petrokovec, M. I., Savkin, V. G., Sviridenok, A. I.: Neue Untersuchungsmethode der Deformierbarkeit der übermolekularen Struktur von Polymeren während einer äußeren Reibung. Mech. Polimerov, Riga (Mech. der Polymeren **5** (1969) 5, S. 836–839.

Jung, H. Z., Benerito, R. R., Gonzales, E. J., Berni, R. J.: Einfluß der Struktur von cyclischen Harnstoffderivaten auf ihre Reaktionsfähigkeit mit Baumwolle. J. appl. Polymer Sci. **13** (1969) 9, S. 1949–1963.

Packter, A., Nerurkar, M. S.: Sphärolitische Polyvinylalkoholfilme aus konzentrierten Polyalkohollösungen. J. Polymer Sci., B: Polymer Letters **7** (1969) 11, S. 761–764.

Bohdanecký, M., Tuzar, Z.: Untersuchung der ungestörten Abmessungen von Polyäthylenglykolmethacrylat. Coll. czechoslov. chem. Commun. **34** (1969) 11, S. 3318–3324 (engl.).

Kerorkjan, A., Karaduëki, I.: Röntgenographische Strukturuntersuchungen von Polyesterfasern Jambolen. Tekstil. Prom., Sofija (Textil-Ind.) **18** (1969) 9, S. 20–23.

Calistru, E., Ciorică, S., Doniga, E.: Untersuchungen auf dem Gebiet einheimischer Celluloseregeneratfaserstoffe. III. Strukturuntersuchungen durch chemische Accessibilitätsbestimmungsmethoden. Celuloza şi Hirtie, Bucureşti (Cellulose u. Papier) **18** (1969) 9, S. 447–453.

Sučkov, V. A., Novak, I. I.: Molekülorientierung und ihr Einfluß auf den kristallinen Anteil im Polyäthylen. Vysokomol. Soed. (Hochmol. Verbind.) Serie A **11** (1969) 12, S. 2753–2758.

Coller, J. R.: Deformation und Orientierung von Polymeren. IEC. Ind. engng. Chem. **61** (1969) 10, S. 72–85.

Hoffmann, M., Pampus, G., Marwede, G.: Anionische Butadien/Styrol-Copolymere. Herstellung, molekularer Aufbau und physikalische Eigenschaften. Kautschuk, Gummi, Kunststoffe **22** (1969) 12, S. 691–706.

Collier, J. R.: Polymerstruktur. IEC. Ind. engng. Chem. **61** (1969) 9, S. 50 bis 65.

Lim, Y. W.: Untersuchung der Cellulosemorphologie mittels anisotroper Lichtstreuung. Tappi, New York **52** (1969) 10, S. 1982.

Frenkel, S. Ja., Ginzburg, B. M. (Schreibw. i. Orig.: *Ginsburg, B. M.*): Kristallinität von Poly-2.2'-octamethylen-5,5'-dibenzimidazol und durch Heißbehandlung hervorgerufene Strukturänderungen. J. Polymer Sci., C: Polymer Symposia (1969) 22, Teil 2, S. 813–825.

Hopfenberg, H. B., Frisch, H. L.: Transport von organischen Molekülen in amorphe Polymere. J. Polymer Sci., B: Polymer Letters **7** (1969) 6, S. 405–409.

Kato, Y., Carlsson, D. J., Wiles, D. M.: Die photochemische Oxydation von Polypropylen. Einige Wirkungen der molekularen Ordnung. J. appl. Polymer Sci. **13** (1969) 7, S. 1447–1458.

Bowman, I. J. W., Brown, D. S., Wetton, R. E.: Kristalldichte, Kristallinität und Schmelzwärme von Polytetramethylenoxid. Polymer, London **10** (1969) 8, S. 715–718.

Yoshioka, N., Sato, H.: Kristallisation von Polyäthylenterephthalat. Kobunshi Kagaku, Tokyo (Chem. High Polymers) **26** (1969) 293, S. 644 bis 650 (jap.; engl. Zusammenfass.).

Haward, R. N., Brough, I.: Bruchfläche von Polystyrolen mit verschiedener relativer Molekülmasse. Polymer, London **10** (1969) 9, S. 724–736.

Obrjadcikova, K. N., Kovriga, V. V.: Besonderheiten des Zerreißens von Polymerfolien. Plast. Massy, Moskva (Plast. Massen) (1969) 11, S. 65 bis 67.

Nielsen, L. E.: Die Spannungsabhängigkeit des Kriechens von Polyäthylen. J. appl. Polymer Sci. **13** (1969) 8, S. 1800–1801.

West, G. H.: Relaxationszeit von Polystyrolen. Polymer, London **10** (1969) 9, S. 751–758.

Duchovskij, S. A., Oniščenko, V. S., Ponomarev, A. N., Silin, A. A., Tal'rose, V. L.: Über den Effekt einer anomal geringen Reibung von Polyäthylen im Vakuum während seiner Beschießung mit einem Strom schneller Atome bzw. Moleküle einiger Elemente. Dokl. Akad. Nauk SSSR (Ber. Akad. Wiss. UdSSR) **189** (1969) 6, S. 1211–1214.

Johnston, N. W., Harwood, H. J.: Cyclisierungsreaktionen zwischen den Sequenzen in Methylmethacrylat/Vinylhalogenid-Copolymeren und Terpolymeren. J. Polymer Sci., C: Polymer Symposia (1969) 22, Teil 2, S. 591 bis 610.

Mlejnek, O.: Bestimmung von freien Polyalkoholen in Polyestern durch gaschromatographische Bestimmung ihrer Trimethylsilyläther. Chem. Prům., Praha (Chem. Ind.) **19(44)** (1969) 12, S. 552–554.

Cooper, A. R., Bruzzone, A. R., Johnson, J. F.: Gelchromatographie mit Strömungsunterbrechung. J. appl. Polymer Sci. **13** (1969) 9, S. 2029 bis 2030.

Brewer, R. J., Tanghe, L. J., Bailey, S.: Gelchromatographie von Celluloseestern. Einfluß des DP, Substitutionsgrades, Größe des Substituenten und des Gehaltes an primären Hydroxylgruppen. J. Polymer Sci., A-1: Polymer Chem. **7** (1969) 7, S. 1635–1645.

Bagby, G.: Polymeranalyse durch Mikropyrolyse – Gasflüssigverteilungschromatographie. Proc. Soc. anal. Chem. **7** (1970) 1, S. 6–7.

Praeger, K., Dinse, H.-D.: Erfahrungen bei der Bestimmung kleiner Wassergehalte in Polyäthylenterephthalat und Polycaproamid. Faserforsch. u. Textiltechnik **21** (1970) 1, S. 37–38.

Asai, K., Takaya, K., Ise, N.: Der mittlere Aktivitätskoeffizient von Polyelektrolyten. XI. Aktivitätskoeffizienten von verschiedenen Salzen der Polyacrylsäure und Carboxylmethylcellulose. J. physic. Chem. **73** (1969) 12, S. 4071–4076.

Safonova, V. V., Klenkova, N. I.: Änderung der Reaktionsfähigkeit der Cellulosefasern unter der Wirkung von Ultraschall. Ž. prikl. Chimii (Z. angew. Chemie) **42** (1969) 11, S. 2636–2638.

Evdokimov, V. B.: Über die stochastische Natur der „Magnetisierung" verdünnter wäßriger Lösungen von Makromolekülen. Ž. fizič. Chimii (Z. physik. Chemie) **43** (1969) 11, S. 2703–2712.

Auerbach, I., Sanders, L. H.: Bestrahlte Polyäthylene. IV. Absterben von freien Radilekan. Polymer, London **10** (1969) 8, S. 579–596.

Novikov, N. P., Saluėn'ja, S. S., Samsonov, S. A., Cholodilov, A. A., Cvetkova, Ju. V., Judin, Ju. I.: Experimentelles Studium der Besonderheiten der Zerstörung durchsichtiger Dielektrika unter Laser-Einwirkung. Mech. Polimerov, Riga (Mech. der Polymeren) **5** (1969) 5, S. 827–835.

Fedotova, O. Ja., Tchaj Zoan Tun', Kolesnikov, G. S.: Untersuchung des thermischen und thermooxydativen Abbaues von Polyharnstoffen. Vysokomol. Soed. (Hochmol. Verbind.) Serie A **11** (1969) 12, S. 2747–2752.

Skorobogatych, V. V.: Zum Abbau der Cellulose bei der kontinuierlichen Alkalisierung. Chim. Volokna (Chem. Fasern) (1969) 6, S. 28–29.

Poller, S., Patscheke, G.: Untersuchungen zur Nitrierung des Holzes der Fichte (Picea excelsa Lk.). 3. Versuche mit dem Nitriergemisch von Alexander und Mitchell. Faserforsch. u. Textiltechnik **21** (1970) 1, S. 8–13.

Ulrich, H.-H., Reinisch, G.: Zur Reaktion von Polycaprolactam mit Formaldehyd. Teil I. Literaturübersicht. Faserforsch. u. Textiltechnik **21** (1970) 1, S. 25–32.

Johnson, L. D.: Lösungsmittel für Tieftemperaturphosphoreszenzmessungen an Polyamiden. Anal. chim. Acta, Amsterdam **48** (1969) 2, S. 437–438 (engl.).

Nikitina, L. A., Suchov, V. A., Lukovnikov, A. F.: Anwendung von Gemischen der Inhibitoren für die Bremsung der Oxydationsvorgänge in Polyoxymethylenen. Vysokomol. Soed. (Hochmol. Verbind.) Serie A **11** (1969) 12, S. 2765–2772.

Beachall, H. C.,Peterson Buck, J. C.: Untersuchungen an verdünnten Lösungen von N-substituierten Polyurethanen. J. Polymer Sci. A-1: Polymer Chem. **7** (1969) 7, S. 1873–1879.

Kelen, T., Bálint, G., Galambos, G., Tüdös, F.: Abbau von Polymeren durch Abspaltung. I. Thermischer Abbau von Polyvinylchlorid und kinetische Behandlung des Prozesses. European Polymer J. **5** (1969) 5, S. 597–616.

Matsumoto, T., Mune, I., Watatani, S.: Entfärbungsmechanismus von thermisch abgebautem Polyvinylchlorid durch Lösungsmittel. J. Polymer Sci., A-1: Polymer Chem. **7** (1969) 7, S. 1609–1623.

Barabanov, N. N., Seliverstova, V. M.: Ultraschallverfahren zur Bestimmung von Essigsäureanhydrid in essigsauren Lösungen von Acetylcellulose. Zavodsk. Labor. Moskva (Betriebslabor) **35** (1969) 11, S. 1319 bis 1320.

Scott, G., Shearn, P. A.: Mechanismus der Antioxydationswirkung: Einfluß von Schwefelverbindungen auf die Stabilität von Polypropylenschmelzen. J. appl. Polymer Sci. **13** (1969) 7, S. 1329–1335.

Dement'eva, M. A., Krjučkov, F. A., Okuneva, A. G., Pokrovskij, L. I.: Elastischer kältebeständiger Polyurethanschaum. Plast. Massy, Moskva (Plast. Massen) (1969) 11, S. 23–25.

Wrasidlo, W., Augl, J. M.: Aromatische Copolyimidamide. II. J. Polymer Sci. A-1: Polymer Chem. **7** (1969) 7, S. 1589–1598.

Physik und Chemie der Monomeren und Oligomeren

Sakai, Y., Iwasaki, M.: Änderung des ESR-Spektrums von Methacrylsäureradikalen mit der Temperatur. J. Polymer Sci., A-1: Polymer Chem. (1969) 7, S. 1749–1764.

Rešetova, L. N., Mel'nikova, L. V., Chorkina, L. S., Temkin, O. N., Flid, R. M.: Katalytische Hydrocyanylierung von Acetylen in nicht-wäßrigen Medien. Chim. Prom. (Chem. Ind.) (1969) 12, S. 17 (897)–20 (900).

Kutepova, A. I., Gur'janova, E. N., Krutina, S. A, Griško, N. I., Ignatova, G. N., Suvorova, N. M.: Anwendung der bei der Synthese von Dimethylterephthalat anfallenden Nebenprodukte für die Herstellung von Weichmachern. Plast. Massy, Moskva (Plast. Massen) (1969) 11, S. 30–31.

Suminov, S. I., Kost, A. N.: Nucleophile Anlagerung einer Aminogruppe an die aktivierte C=C-Bindung. Usp. Chimii (Fortschr. d. Chemie) **38** (1969) 11, S. 1933–1963.

Kolesnikov, G. S., Fedotova, O. Ja., Trezvov, V. V.: Synthese von Dodecamethylendiamin. Ž. prikl. Chimii (Z. angew. Chemie) **42** (1969) 11, S. 2639 bis 2640.

Margaritova, M. F., Rusakova, K. A.: Untersuchung der Umsetzung von Benzoylperoxid mit Aminen. Vysokomol. Soed. (Hochmol. Verbind.) Serie A **11** (1969) 12, S. 2741–2746.

Kovalenko, P. N., Ivanova, Z. I., Čebotarev, V. K., Dionis'ev, V. D.: Anwendung von Alkylxanthogenaten für potentiometrische Bestimmung. Ž. anal. Chimii (Z. analyt. Chemie) **24** (1969) 12, S. 1810–1815.

Polymerisation

Bamford, C. H., Wayne, R. P.: Polymerisation in fester Phase: Polykondensationsvorgänge. Polymer, London **10** (1969) 8, S. 661–681.

Kubota, H., Ogiwara, Y.: Einfluß von Lignin auf die Pfropfcopolymerisation von Methylmethacrylat auf Cellulose durch Cerionen. J. appl. Polymer Sci. **13** (1969) 7, S. 1569–1575.

Packham, D. I., Rackley, F. A.: Makrocyclische Polymere. Polymer, London **10** (1969) 8, S. 559–572.

Richards, D. H., Scilly, N. F., Hutchison, S. M.: Synthese und Eigenschaften von Copolymeren regulärer Struktur. II. Spektroskopische Analyse von Copolymeren regulärer Struktur aus Vinylverbindungen und aliphatischen Dihalogeniden. Polymer, London **10** (1969) 8, S. 611–620.

Kenat, Th. A., Kermode R. I., Rosen, St. L.: Die kontinuierliche Synthese von Additionspolymeren mit genau kontrollierten Mittelwerten der relativen Molekülmasse und minimaler Dispersität. J. appl. Polymer Sci. **13** (1969) 7, S. 1353–1371.

Shiota, T., Hayashi, K., Okamura, S.: Ionische Pfropfcopolymerisation. VIII. Homopolymerisation von β-Propiolacton durch radikalische Katalysatoren in Gegenwart von Elektronenakzeptoren und Anwendung auf die Pfropfcopolymerisation. J. appl. Polymer Sci. **13** (1969) 8, S. 1749 bis 1765.

Sekiguchi, H. (Schreibw. i. Orig.: *Sekiguti, Ch.*)*:* Polymerisation von Lactamen in Gegenwart von Alkalien. Usp. Chimii (Fortschr. d. Chemie) **38** (1969) 11, S. 2075–2111.

Graessley, W. W., Uy, W. C., Gandhi, A.: Verteilung der relativen Molekülmasse bei hohen Umsätzen in radikalischen Polymeren. IEC. Ind. engng. Chem. Fundamentals **8** (1969) 4, S. 696–700.

Vasil'ev, N. I., Volkova, L. M., Dudina, L. A., Volkov, V. P., Irjak, V. I., Korolov, G. V., Markovič, L. D., Ponomarova, T. I., Rozenberg, B. A., Šaginjan, A. A., Enikolopjan, N. S. (Schreibw. i. Orig.: *Narkowich, L. D., Rosenberg, B. A., Shaginjan, A. A., Enikolopjan, N. S.*)*:* Einfluß der Kettenübertragungsreaktion mit Abbruch auf die Darstellung von Polymeren mit definierten Endgruppen. J. Polymer Sci., C: Polymer Symposia (1969) 22, Teil 2, S. 679–689.

Popov, V. P., Voropaeva, R. M., Ivanova, A. G.: Untersuchung der aktiven Zentren bei der Polymerisation von Äthylen. Plast. Massy, Moskva (Plast. Massen) (1969) 12, S. 8–10.

Kemkes, J. F.: Direkte Veresterung von Terephthalsäure mit Äthylenglykol unter Atmosphärendruck. J. Polymer Sci., C: Polymer Symposia (1969) 22, Teil 2, S. 713–720.

Takakura, K., Rånby, B.: Bildung und Struktur von Vinylcopolymeren. I. ESR-Untersuchung der Startprozesse bei der Copolymerisation in wäßrlger Lösung. J. Polymer Sci., C: Polymer Symposia (1969) 22, Teil 2, S. 939–956.

Krymova, A. I., Šilov, G. I., Matina, T. A., Šarikova, L. I.: Emulsionspolymerisation von Vinylchlorid in Gegenwart von Natriumalkylsulfaten. Plast. Massy, Moskva (Plast. Massen) (1969) 11, S. 27–29.

Roy, K. K., Pramanick, D., Palit, S. R.: Thioalkohole als Redoxkomponente bei der Vinylpolymerisation in Benzol. J. Polymer Sci., B: Polymer Letters **7** (1969) 11, S. 765–768.

Špičineckaja, L. S., Orlova, N. V., Vol'fson, S. A.: Copolymerisation von Formaldehyd mit 1.3-Dioxolan. Plast. Massy, Moskva (Plast. Massen) (1969) 11, S. 19–23.

Jacimirskij, K. B., Filippov, A. P., Spirin, Ju. L., Gotmančuk, Ju. P., Drjagileva, R. I.: Spektrophotometrische Untersuchung der durch Kobalt(II)-bisacetylacetonat katalysierten Copolymerisation des Chlorals mit Phenylisocyanat. Dokl. Akad. Nauk SSSR (Ber. Akad. Wiss. UdSSR) **189** (1969) 6, S. 1271–1274.

Reichert, H., Schauder, H.-J.: Zur Copolymerisation von Acrylnitril mit 3-Natrium-Sulfopropylacrylat und -methacrylat. Faserforsch. u. Textiltechnik **21** (1970) 1, S. 21–25.

Kolesnikov, G. S., Fedotova, O. Ja., Tchaj, Zoan Tin': Synthese und Untersuchung von Polyharnstoffen aus Dodecamethylendiamin und Harnstoff. Vysokomol. Soed. (Hochmol. Verbind.) Serie **A 11** (1969) 12, S. 2682 bis 2688.

Kučanov, S. I., Pis'men, L. M., Gorfačev, R. G., Lebedeva, L. P.: Berechnung der Kinetik eines idealen Emulsionspolymerisationsprozesses. Dokl. Akad. Nauk SSSR (Ber. Akad. Wiss. UdSSR) **189** (1969) 4, S. 804–807.

Tsukui, M.: Copolymerisation von Methylisopropenylketon mit Styrol und Synthese von Polymeren mit Styrolketonseitengruppen. Kobunshi Kagaku, Tokyo (Chem. High Polymers) **26** (1969) 292, S. 602–608 (jap.; engl. Zusammenfass.).

Sonderfragen

Rys, P., Zollinger, H.: Zur Interpretation der Säure- und Basenkatalyse bei N-Methylol-Reaktionen. Textilveredlung, Weinfelden/Schweiz **4** (1969) 12, S. 895–904.

II. Faserstoffe. Ausgangsstoffe usw.

Chevallard, A.: Die Anwendungen des Flachses in Spinnmischungen mit synthetischen Fasern. Panorama tessile, Milano **6** (1969) 40, S. 11–14.

Naturfaserstoffe

Pflanzliche Faserstoffe

Bertoli, P.: Der Flachs. Panorama tessile, Milano **6** (1969) 40, S. 3–9.

Kopczyński, J.: Vorstufige Bearbeitung des Leinens in alkalischer Lösung bei Zugabe von oberflächenaktiven Mitteln. Przegl. Włókienn. (Textil-Rdsch.) **23** (1969) 10, S. 471–472.

Tierische Faserstoffe

Serafimor, S., Gančeva, M.: Untersuchung zum Problem des Chlorierens von Wollgarn für Maschenwaren. Tekstil. Prom., Sofija (Textil-Ind.) **18** (1969) 9, S. 17–20.

Kremky, J.: Inhibitor der Gelbfärbung der Kokons einiger polnischer Biotypen des Maulbeerspinners (Bombyx mori L.) Pr. Labor. Jedwabiu naturaln. (Arb. Labor. Naturseide) **14** (1969) 22, S. 65–68.

Choynowski, J.: Untersuchungen über die Eignung bestimmter Maulbeersorten (Morus alba L.) für die Seidenzucht. Pr. Labor. Jedwabiu naturaln. (Arb. Labor. Naturseide) **14** (1969) 22, S. 5–52.

Chemiefaserstoffe

Zakirov, V. Z., Geller, A. A., Monakov, Ju. B., Slepakowa, S. I., Geller, B. E.: Einfluß von Pfropfcopolymerzusätzen auf die strukturmechanischen Eigenschaften von Faserstoffen aus Gemischen von unverträglichen Homopolymeren. Chim. Volokna (Chem. Fasern) (1969) 6, S. 20–23.

Cellulose und Zellstoff

Kollmann, F., Schmidt, E., Kufner, M., Fengel, D., Schneider, A.: Gefüge- und Eigenschaftsänderungen im Holz durch mechanische und thermische Beanspruchung. Holz, Roh- u. Werkstoff **27** (1969) 11, S. 407–425.
Nikitin, V. M.: Über eine Funktion der Basen beim Sulfitaufschluß. Bumaž. Prom. (Papier-Ind.) (1970) 1, S. 10.
Chutorščikov, I. S.: Sulfit/Siulfat-Aufschlußvon Lärchenholz. Bumaž. Prom. (Papier-Ind). (1970) 1, S. 2–3.
Oku, K., Matsuura, H., Sotobayashi, H., Nakamura, M.: Alkalischer Schnellaufschluß von Laubhölzern in der Dampfphase. I. Grundlagenuntersuchungen über den alkalischen Schnellaufschluß von Laubhölzern. Tappi, New York **52** (1969) 10, S. 1888–1896.
Farkašova, V., Enderšt, V.: Erkochen und Bleichen von Magnesiumbisulfit-Buchenzellstoff. Papír a. Celulóza, Praha **24** (1969) 9, S. 245–250.
Janči, J., Fellegi, J.: Mehrstufige chemisch/mechanisch/chemische Zellstoffe. Sborník Výskum. Prác Odboru Pap. Celulózy (Samml. Forsch.-Arb. Papier-, Zellstoffind.) In: Papír a Celulóza, Praha **24** (1969) 9, S. 93–104.
Pieczonkowski, H., Zehnsdorf, F.: Mechanisierung und Automatisierung der Zellstoff- und Papierproduktion mit Hilfe hydraulischer Einrichtungen. Zellstoff u. Papier **18** (1969) 12, S. 368–373.

Regeneratfaserstoffe

Tunc, D., Bampton, R. F., Muller, T. E.: Quantitative Bestimmung des als Xanthogenat und in den Nebenprodukten gebundenen sowie des Gesamtschwefels in der Viskose durch UV-Spektrophotometrie. Tappi, New York **52** (1969) 10, S. 1882–1885.
Philipp, B., Schmiedeknecht, H.-H.: Neuere Entwicklungen auf dem Gebiet cellulosischer Chemiefaserstoffe. Wiss. u. Fortschr. **19** (1969) 12, S. 559 bis 563.
Chakimova, A. Ch., Sokolova, N. B., Nikolaeva, B. S.: Beim Erspinnen von Polynosefaserstoff in Gegenwart von Formaldehyd ablaufende chemische Prozesse. Chim. Volokna (Chem. Fasern) (1969) 6, S. 26–27.
Denisov, N. S., Čičerin, Ju. I., Abramyčev, G. M., Šestakova, G. A., Arseeňko, A. G., Chrulev, V. I., Entgasung technologischer Lösungen der Viskoseindustrie in einer Düsenanlage. Chim. Volokna (Chem. Fasern) (1969) 6, S. 48–49.

Synthetische Faserstoffe

Polyurethan-Elastomerfasern – Struktur, Eigenschaften, Prüfung und Veredlung. Textilindustrie, Mönchengladbach **72** (1970) 1, S. 19, 20.
Hähne, H.: Chemisch modifizierte Polyester-Hochschrumpffasern: Trevira 550 und Trevira 560. Textilindustrie, Mönchengladbach **72** (1970) 1, S. 57–59.
Tonami, H., Miyauchi, Sh., Sakamoto, M.: Untersuchungen zur Vernetzung von Polyamid mit Disulfiden. I. Elastischer Polycaprolactamfaserstoff mit Disulfidvernetzungen. J. appl. Polymer Sci. **13** (1969) 8, S. 1595–1612.
Comencini, I.: Die elastischen Fasern: Fäden und elastische Garne. Panorama tessile, Milano **6** (1969) 42, S. 3–9.
Polyesterhochschrumpffasern für Weberei und Wirkerei. Spinner, Weber, Textilveredlung **87** (1969) 12, S. 1219.
Žarkova, M., Šemšurina T., Gunjaev, G., Mordovin, O.: Mit orientierten fadenförmigen Kristallen verstärkte Polyacrylnitrilverbundfäden bzw. -folien. Chim. Volokna (Chem. Fasern) (1969) 6, S. 69.
Spinnkabelgefärbte Acrylfaserstoffe. Internat. Dyer, Textile Printer, Bleacher, Finisher **142** (1969) 10, S. 775.

Künstliche mineralische Faserstoffe

Kotina, V. E., Konkin, A. A., Gorbačeva, V. O., Erofeeva, N. F.: Herstellungsverfahren und Eigenschaften von Kohlenstoff-Faserstoffen. Chim. Volokna (Chem. Fasern) (1969) 6, S. 1–8.
Faserwerkstoffe. Nachrichten Chemie Technik **17** (1969) 22, S. 396–397. In: Angew. Chemie **81** (1969) 22.

Ausgangsstoffe. Schaumstoffe. Kautschuk

Rothespieler, A.: Verformungsverhalten von Kunststoffen in Verarbeitungsmaschinen. Kunststoffe **59** (1969) 11, S. 747–753.
Glasfaserarmierte Polyesterplatten, -bahnen und Verbundplatten im Fahrzeugbau. Kunststoff-Rdsch. **17** (1970) 1, S. 41.
Belyj, V. A., Il'ina, E. G., Dervoed, N. A., Koreckij, V. G.: Thermische Nachbehandlung der Erzeugnisse aus Polycaprolactam in Gegenwart eines Lösungsmittels. Plast. Massy, Moskva (Plast. Massen) (1969) 12, S. 17–18.
Maláč, J.: Eigenschaften von Polyvinylchlorid. III. Einfluß des Verarbeitungsverfahrens auf die Eigenschaften von PVC-Proben. J. appl. Polymer Sci **13** (1969) 8, S. 1767–1775.

III. Fäden-Herstellungstechnologien

Spinnerei. Zwirnerei

Spinnereivorbereitung

Gutowski, L., Woznicki, A.: Der Einfluß der Schrägstellung der Wiegeschale und der Schiebeplatte des Kastenspeisers auf die Verteilung der Fasern im Krempelband. Przegl. włókienn. (Textil-Rdsch.) **23** (1969) 10, S. 477 bis 479.
Vass, G., Gagyi, D.: Der Einfluß der Leistungssteigerung auf die Arbeit der Veröffner. Magyar Textiltechn. **21** (1969) 12, S. 641–646.
Trett, D. W., Scardine, F. L.: Eine Untersuchung der Fasergeometrie in Kardenvliesen. Textile Res. J. **39** (1969) 11, S. 1031–1037.
Schiltknecht, A. A.: Das Open-end-Spinnen von Chemiefasern. Chemiefasern **20** (1970) 1, S. 36–39.
Prade, J.: Qualitäts- und Nummerhaltung beim automatischen Vorwerk in der Baumwollspinnerei. Spinner, Weber, Textilveredlung **88** (1970) 1, S. 21–22.

Spinnerei

Das Elementenspinnen in Japan. Ind. textile, Paris (1969) 983, S. 465–466.
Skarka, Z.: Berechnung wirtschaftlicher Produktion auf der Elementenspinnmaschine BD 200. Ind. textile, Paris (1969) 983, S. 468–469.
Smišek, M., Horálek, J.: Schären der auf der Maschine BD-200 spindellos gesponnenen Garne. Textil, Praha **24** (1969) 10, S. 327–331.

Erzeugnisse der Spinnerei und Zwirnerei

Vlădut, N.: Einfluß des Kurzfaseranteils im gekämmten Band auf die Qualität gekämmter Baumwollgarne. Ind. textila, Bucureşti **20** (1969) 11, S. 777–787.
Die Ungleichmäßigkeit ausgewählter Proben mit Hilfe der Autokorrelationsfunktionen. Ind. textile, Paris (1969) 983, S. 467.
Kirschner, E.: Zur Gleichmäßigkeit von Offen-End-Garnen – Einfluß des Bandeinzuges. Melliand Textilber. **51** (1970) 1, S. 21–27.
Sperling, P.: Bestimmbarkeit und Auswertungsmöglichkeit repräsentativer technologischer und ökonomischer Daten konventioneller Spinnprozesse für die Bewertung neuer Fertigungsverfahren zur Garnherstellung. Dt. Textiltechnik **20** (1970) 1, S. 20–26.
Zaripova, A. M., Usmanov, Ch. U., Kiseleva, V. P.: Cordseide aus Baumwollcellulose. Chim. Volokna (Chem. Fasern) (1969) 6, S. 32–33.

Texturfäden

Obst, A.: Entstehung der Ungleichmäßigkeit von Texturseide, die mit der Anilon-Einrichtung hergestellt wurde. Textil, Praha **24** (1969) 12, S. 402 bis 403, 418.

IV. Flächengebilde-Herstellungstechnologien

Lazaridi, Z. I.: Für eine feste fachliche Verbindung zwischen den Konfektions- und Textilbetrieben. Tekstil. Prom., Moskva (Textil-Ind.) **29** (1969) 10, S. 36.
Heiner, H.: Faserverbundstoffe für Bekleidung, Technik, Teppichmarkt. Spinner, Weber, Textilveredlung **88** (1970) 1, S. 41.
Freimütiges Gespräch über Weben und Maschenherstellung. Ind. textile, Paris (1969) 983, S. 493–500.

Materialvorbereitung

Gebald, G.: Die Automatisierung des Kreuzspulens. Ind. textile, Paris (1969) 983, S. 487–490.
Zawadzki, J., Ceglarska, L.: Einige Bemerkungen hinsichtlich der Spulerei im Zusammenhang mit der Spinnerei und Weberei. Technik włókienn. (Textiltechn.) **18** (1969) 7, S. 205–207.
Schneider, J.: Die Bestimmung der zuteilbaren Spindelzahl und des Wirkungsgrades an einer automatischen Kreuzspulmaschine. Wirk.- u. Strick.-Technik **20** (1970) 1, S. 9, 13–15.
Müller, W.: Das Schären von Chemiefasern auf modernen Großschäranlagen. Chemiefasern **20** (1970) 1, S. 45–51.

Weberei

Pilisi, J.: Produktionselastizität von Webmaschinen. Technik włókienn. (Textiltechn.) **18** (1969) 7, S. 201–205.
Turner, J. P.: Kettspannung – die Überspannungs-Theorie. Band- u. Flechtind. (1969) 4, S. 136–141.

Weberei-Technologie

Neue Hochleistungs-Jacquard-Bandwebmaschine. Band- u. Flechtind. (1969) 4, S. 156–157.
Radenkov, V.: Die Lärmcharakteristik und die Energie der Greiferbeschleunigung bei den schiffchenlosen Webmaschinen. Tekstil. Prom., Sofija (Textil-Ind.) **18** (1969) 8, S. 21–22.
Webmaschinen in Greenville. Chemiefasern **20** (1970) 1, S. 56–57.

Erzeugnisse der Weberei

Braun, P.: Herstellung von Kammgarn-Geweben aus Trevira und Trevira/Wollgarnen mit Schrumpffasern der Type Trevira 550. Chemiefasern **20** (1970) 1, S. 39–45.
Calchi, N. E.: Die technischen Gewebe. III. Panorama tessile, Milano **6** (1969) 41, S. 15–19.
Lejtes, L. G., Palladova, M. S.: Einsatz von Kapronfaser in Wollgeweben. Chim. Volokna (Chem. Fasern) (1969) 6, S. 57–59.

Wirkerei und Strickerei. Konfektionstechnik. Sonstige Technologien

Doughty, J. C.: Maschenware in den 70er Jahren. Entwürfe für Maschenware zum Schutz gegen Gewalttätigkeit und für chirurgische Eingriffe. Hosiery Trade J. **76** (1969) 906, S. 93–95. Hosiery Times **42** (1969) 481, S. 59, 60, 62, 64, 65.

Wirkerei- und Strickerei-Technologie

Leclercq, F.: Resultate der Untersuchung über den Spannungsregler für das Stricken von texturierten Garnen. Textilis, Gent **25** (1969) 6, S. 21–22, 24–26, 28–30.
Genet, I.: Gleichmäßigkeit des Fadenverbrauchs bei vielsystemigen Rundstrickmaschinen während der Verarbeitung endloser texturierter Garne. Chemiefasern **19** (1969) 12, S. 987–990.

Erzeugnisse der Wirkerei und Strickerei

Der außergewöhnliche Aufschwung der Maschenware in Großbritannien. Ind. textile, Paris (1969) 983, S. 501–503.
Astrua, F.: Der Flachs in der Strickerei. Panorama tessile, Milano **6** (1969) 40, S. 27–29.

Konfektion

Krejči-Kazdová, H.: Ist unsere Bekleidung für Säuglinge praktisch? Textil, Praha 24 (1969) 12, S. 405–407.
Kaun, F.: Das Verhalten von Chemiefasern in der Konfektion. Chemiefasern **20** (1970) 1, S. 51–55.

Textilverbundstoffe

Faserverbundstoffe. Vliesstoffe

Schardt, G.: Bodenbeläge aus Nadelvliesstoffen. Techn. Textilien **12** (1969) 5, S. 107–109.

Fadenverbundstoffe

Gönci, A.: Erzeugung und Qualitätsprüfung von Tufted-Teppichen. Magyar Textiltechn. **21** (1969) 12, S. 665–668.

V. Textilveredlung

Der Textilveredlungsbetrieb im Jahre 1970. Ind. textile, Paris (1969) 983, S. 513–519.

Just, E. W.: Der moderne Textilveredler – seine Rolle in der zukünftigen Textilproduktion. Norsk Tekstiltid. (1969) 6/7, S. 9–10, 12, 14.

Leckebusch, H. J.: Das Färben und Ausrüsten von „fully fashioned"-Artikeln aus Synthesefasern. Textil-Praxis **24** (1969) 12, S. 805–812.

Farbstoffe. Textilhilfsmittel

Jacobs, H. O.: Beitrag zu einem verantwortungsvolleren Gebrauch von Hilfsmitteln in der Spinnerei und Weberei. Tex, Doetinchem/Nd. **28** (1969) 11, S. 486–489.

Bleicherei. Sonstige Vorbehandlungsarbeiten der Textilveredlung

Viviani, F.: Bleichen des Flachses. Panorama tessile, Milano **6** (1969) 40, S. 30–31.

Färberei

Szafnicki, W.: Sorptionseigenschaften der Dispersionsfarbstoffe bei wäßrigen und wasserfreien Färbesystemen für Polyesterfasern. II. Przegl. włókienn. (Textil-Rdsch.) **23** (1969) 10, S. 491–494.

Peters, A. T.: Neue Farbstoffe und deren Zwischenprodukte für Faserstoffe aus synthetischen Polymeren. III. Halogenbenzothiazolylazofarbstoffe. J. Soc. Dyers Colourists **85** (1969) 11, S. 507–509.

van Ouwerkerk, W. C.: Die kontinuierliche Stückfärbung von Teppichen auf verschiedenen Substraten – jüngste Weiterentwicklungen. Melliand Textilber. **50** (1969) 12, S. 1459–1463.

Kontinuierliches Färben von Teppichen. Internat. Dyer, Textile Printer Bleacher, Finisher **142** (1969) 10, S. 775.

Druckerei

SUBLISTATIC – ein modernes Druckverfahren für die Maschenindustrie. Bekleid. u. Wäsche **22** (1970) 1, S. 47–48, 50, 52, 54, 56.

Ausrüstung. Trocknung

Penenzik, M., Virnik, A., Rogovin, Z.: Synthese eines Pfropfcopolymeren der Cellulose mit Polyacrylsäure. Chim. Volokna (Chem. Fasern) (1969) 6, S. 70.

Sakaguchi, I.: Kumulative Zinnbeschwerung von Seide mit Zinnchlorid. Textile Res. J. **39** (1969) 11, S. 1053–1055.

Ohe, H., Matsuki, Sh., Terai, M., Kuroda, H., Matsukawa, S.: Verhalten von Geweben aus Baumwolle und polynosischen Fasern, die nach dem Poly-Set-Verfahren behandelt wurden. Textile Res. J. **39** (1969) 11, S. 1065–1072.

Hopke, V.: Permanente Fixierung von Wolle in Dampfautoklaven. Norsk Tekstiltid. (1969) 12, S. 12, 14–16.

Maschenwarenveredlung heute. Textil-Praxis **24** (1969) 12, S. 813.

Markowski, M., Szulejko, St., Wroclawski, Z.: Prüfungen über die Trocknungsintensität. Przegl. włókienn. (Textil-Rdsch.) **23** (1969) 10, S. 499 bis 503.

Wäscherei. Chemische Reinigung

Noch eine Einschränkung für Waschmittel. Chem. engng. News **47** (1969) 53, S. 7.

Waschmittel: Sind Enzyme schädlich. Chem. engng. News **47** (1969) 52, S. 15.

VI. Werkstoffprüfung. Meß- und Prüftechnik. Standardisierung

Ledwoch, K.-D.: Die Analyse und Prüfung von Kunststoffen in der Zeitschriften-Literatur des Jahres 1968. Kunststoff-Rdsch. **16** (1969) 12, S. 707–715.

Eigenschaften und Fehler der Textilmaterialien u. a.

Röder, H. L.: Fasereigenschaften und Endprodukte. I. Tex, Doetinchem/Nd. **28** (1969) 9, S. 366–370.

Kerényi, I.: Die Untersuchung in der Zeitfolge von Dehnungskomponenten in durch Falschdraht texturierter Polyamid-6-Seide. Magyar Textiltechn. **21** (1969) 12, S. 655–659.

Heeremans, C.: Qualitätskontrolle von textilen Fußbodenbelägen. II. Tex, Doetinchem/Nd. **28** (1969) 9, S. 397–400.

Prati, G., Seves, A.: Infrarot durch Reflexion. Ricerca Doc. tessile, Milano (Textilforsch. u. -dok.) (1969) 2, S. 58–64.

Schellenberger, G.: Das Messen der Feuchtigkeit in Geweben. Schluß. Tex, Doetinchem/Nd. **28** (1969) 10, S. 443–446.

Chazanova, A. S., Finger, G. G., Mogilevskij, E. M.: Einfluß der verschiedenen Verfahren zur Herstellung von Viskosefeinseide auf ihre wichtigsten textilphysikalischen Eigenschaften. Chim. Volokna (Chem. Fasern) (1969) 6, S. 40–42.

Peschel, P.: Zum Knitterverhalten von Geweben aus Endlosfäden. Melliand Textilber. **50** (1969) 12, S. 1415–1422.

Serensen, T.: Schrumpffreie Baumwolltrikotagen mit mechanischer Nachbehandlung. Norsk Tekstiltid. (1969) 9, S. 34, 36, 38–43.

Heeremans, C.: Qualitätskontrolle von textilen Fußbodenbelägen. Textilis, Gent **25** (1969) 6, S. 32, 33–38, 40–44.

Smirnov, V.: Über die Struktur- und mechanischen Eigenschaften von Polycaproamid-Faserstoff. Chim. Volokna (Chem. Fasern) (1969) 6, S. 69.

Jakobi, G.: Deposition und Redeposition. Verfahren zur Ermittlung des Schmutztragevermögens von Waschflotten. Tenside. München **6** (1969) 6, S 307–311.

Meß- und Prüftechnik

Becker, H.: Ultrarot-Thermometrie. VDI-Z. **112**(1970) 1, S. 7–13.

Agdur, B.: Eine neue Methode zur Feuchtigkeitsmessung. Norsk Skogind. **23** (1969) 7/8, S. 209–219.

Aleksandrijskij, S. S., Petuchov, B. V.: Orientierungsrecken von Polyesterfaserstoff. Chim. Volokna (Chem. Fasern) (1969) 6, S. 13–15.

Wrónski, W., Dawidowicz, B., Osiński, W.: Prüfungen über die Widerstandsfähigmachung von Eiweißfasern gegen die Einwirkung von heißem Wasser. Przegl. włókienn. (Textil-Rdsch.) **23** (1969) 10, S. 469–470.

Louis, G. L., Leitz, L. A.: Transformierter Schwerpunkt. Eine neue Vorstellung für das Interpretieren der Faserlängenverteilungs-Eigenschaften von Baumwolle. Textile Res. J. **39** (1969) 11, S. 1078–1080.

Craubner, H.: Halbautomatische Bestimmung der Feinheit von Perlon-Kabel. Chemiefasern **19** (1969) 12, S. 976–979.

Linder, M. W.: Rohfaser-Bestimmungsmethoden. Chemismus und vergleichende Bewertung. Chem. Ztg./Chem. Apparatur **93** (1969) 23, S. 919–929.

Bestimmung der Ungleichmäßigkeit linearer Masse von Bändern, Vorgarnen und Garnen aus Wolle mit Hilfe des Gleichmäßigkeitsprüfers Zellweger-Uster. II. Textilis, Gent **25** (1969) 11, S. 20–22.

Ifrim, F.: Die Einwirkung von alkalischen Reagenzien auf Wolle. Ind. textilă, București **20** (1969) 11, S. 798–803.

Downes, J. G., Mackie, R.: Der Einfluß der Faseranordnung auf die Anzeige bei der Feinheitsmessung von Wollfasern nach der Luftstrommethode. J. Textile Inst. **60** (1969) 12, S. 547–555.

Standardisierung. Terminologie

Lünenschloß, J., Rottmayr, H.: Die neuen Reutlinger Garnstandards Nm 34 (30 tex), ihre Entwicklung und Entstehung. Textil-Praxis **24** (1969) 12, S. 765–768.

Witkowski, I.: Die Standardisierung bei der Bekämpfung der Verstaubung der atmosphärischen Luft. Technik włókienn. (Textiltechn.) **18** (1969) 6, S. 189–190.

VII. Betriebstechnik. Ökonomie. Tagungsberichte und dgl.. Sonderfragen

Betriebstechnik

Härtling, P.: Die Reorganisation in der Fertigung ist der Angelpunkt bei der Anwendung der elektronischen Datenverarbeitung. Wirtschaft, Ausg. A **25** (1970) 6, S. 6–7.

Senn, H.: Elemente eines allgemeinen Informationssystems. Ind. Organis., Zürich **38** (1969) 12, S. 511–518.

Hürtimann, W.: Zur Formulierung von Transportvorgängen. Ind. Organis., Zürich **38** (1969) 12, S. 526–538.

Friedman, L. I., Levit, R. M., Meos, A. I.: Verwendung von Ligninkohle zur Herstellung von Schwefelkohlenstoff. Chim. Volokna (Chem. Fasern) (1969) 6, S. 38–40.

Hofer, J. F.: Abfallverbrennung und Lufthygiene. Bekleidungsmedizin **9** (1969) 10/11, S. 8–12.

Möhler, E.: Die Schutzgüte von Arbeitsmitteln und Arbeitsverfahren. Soz. Arbeitswiss. **13** (1969) 8, S. 664–670 .

Verdreifachung unseres Lichtverbrauchs in den 70er Jahren. Erhöhte Anforderungen an die Lichtqualität. Norsk. Tekstiltid. (1969) 9, S. 26.

Rüb, F.: Reinigung von Produktionsabwässern bei den Farbwerken Hoechst. Chem. Ztg./Chem. Apparatur **93** (1969) 23, S. 943–945.

Rüb, F.: Rationelle Wärme- und Energieversorgung. Chemiefasern **19** (1969) 12, S. 1001–1004.

Brandauer, O.: Pneumatisches Fördern, Verwiegen und Silieren von Kunststoffrohstoffen. Kunststoffe **59** (1969) 11, S. 741–744.

Ökonomie

Pfeifer, H.: Neugestaltung von Versandabteilungen in Spinnereien. Spinner, Weber, Textilveredlung **87** (1969) 12, S. 1196–1197.

Travnicek, Z.: Textile Futurologiel Technologische Umwandlungsprozesse und deren Auslösung. Chemiefasern **20** (1970) 1, S. 31–36.

Fedor, W. S.: Ausblick auf die siebziger Jahre. Chem. engng. News **47** (1969) 52, S. 94–100.

Lorch, F.: Finanzierungs- und Preispolitik in der Investitionsentscheidung. Ind. Organis., Zürich **39** (1970) 1, S. 18–21.

Juvenal, A. B.: Kostenkalkulation für die Band- und Flechtindustrie. Band- u. Flechtind. (1969) 4, S. 131–132.

Dimov, I.: Mathematisches Modell zur Bestimmung der technisch erforderlichen Zeit für die Nähoperationen. Tekstil. Prom., Sofija (Textil-Ind.) **18** (1969) 9, S. 3–5.

Mazán, K.: Perspektiven von Maschenwaren. Magyar Textiltechn. **21** (1969) 12, S. 660–664.

Berghoff, H.: Wie die Arbeitsumwelt effektiv gestalten? Arbeit u. Arbeitsrecht **25** (1970) 1, S. 13–16.

Gerberding, U., Lauterbach, P.: Industriepreise und Wirtschaftsvertrag, Preisbildung fördert neue Erzeugnisse. Wirtschaft, Ausg. A **25** (1970) 5, Beilage S. 1–16.

Forkert, G., Stauche, H.: Zur Dynamik der Lohnformen unter den Bedingungen des wissenschaftlich-technischen Fortschritts. Arbeit u. Arbeitsrecht **25** (1970) 1, S. 3–7.

Informationen über Forschungsschwerpunkte in der UdSSR zur Vervollkommnung der Planung und Leitung der Volkswirtschaft. Wirtschaft, Ausg. A **25** (1970) 3, Beilage 4, S. 1–8.

Ladensack, K.: Die Analyse des Arbeitsstils des Leiters – Aufgabe von Arbeitsstudium und -gestaltung. Soz. Arbeitswiss. **13** (1969) 8, S. 671 bis 682.

Grüning, J.: Nur ein modernes sozialistisches Planungssystem sichert Pionier- und Spitzenleistungen. Wirtschaft, Ausg. A **25** (1970) 3, S. 3–4.

Kahl, W.: Die Entwicklung der Kooperationsbeziehungen zur Sicherung der Herstellung weltmarktfähiger Bekleidungserzeugnisse. Bekleid. u. Maschenware **8** (1969) 6, S. 242–244.

Frank, K.: Einige soziologische Aspekte der Veränderung des Charakters der Arbeit in der wissenschaftlich-technischen Revolution. Soz. Arbeitswiss. **13** (1969) 8, S. 643–650.

Sonderfragen

Maser, S.: Wissenschaft und Kybernetik. Rationalisierung, München **20** (1969) 12, S. 312–316.

Hilbert, F.: Prozeßorientierte Forschung und Wissenschaftsorganisation. Wirtschaft, Ausg. A **25** (1970) 2, S. 3–5.

Breuer, E., Meier-Windhorst, E.: Probleme der Forschungsorganisation. Ind. Organis., Zürich **39** (1970) 1, S. 31–38.

von Weihe, A.: Beseitigung von Einwegwäsche im Krankenhaus. Bekleidungsmedizin **9** (1969) 10/11, S. 2–7.

Grünewald, H. J.: Die Wechselwirkung zwischen Textiltechnik und Mode (Schluß). Tex. Toetinchem/Nd. **28** (1969) 9, S. 363–365.

Bohne, A.: Beseitigung von Einwegwäsche und Bekleidung im Krankenhaus aus der Sicht des Architekten. Bekleidungsmedizin **9** (1969) 10/11, S. 13–14.

Šelucenko, V. K., Vtjurin, V. I.: Organisation der wissenschaftlich-technischen Information in der chemischen Industrie. Chim. Prom. (Chem. Ind.) (1969) 12, S. 9 (889)–11 (891).

FSC
www.fsc.org
MIX
Papier | Fördert gute Waldnutzung
FSC® C083411

Zeitfracht Medien GmbH
Ferdinand-Jühlke-Straße 7
99095 Erfurt, Deutschland
produktsicherheit@kolibri360.de